崧燁文化

、吳佳駿

、蔡英德　著

Ameba程式設計
(物聯網基礎篇)

An Introduction to Internet of Thing by Using
Ameba RTL8195A

自序

  Ameba RTL8195AM 系列的書是我出版至今四年多，出書量也破九十本大關，專為瑞昱科技的 Ameba RTL8195AM 開發板在物聯網教學上的書籍，當初出版電子書是希望能夠在教育界開一門 Maker 自造者相關的課程，沒想到一寫就已過四年，繁簡體加起來的出版數也已也破百本的量，這些書都是我學習當一個 Maker 累積下來的成果。

  這本書可以說是我的書另一個里程碑，之前都是以專案為主，以我設計的產品或逆向工程展開的產品重新實作，但是筆者發現，很多學子的程度對一個產品專案開發，仍是心有餘、力不足，所以筆者鑑於如此，回頭再寫基礎感測器系列與程式設計系列，希望透過這些基礎能力的書籍，來培養學子基礎程式開發的能力，等基礎扎穩之後，面對更難的產品開發或物聯網系統開發，有能游刃有餘。

  目前許多學子在學習程式設計之時，恐怕最不能了解的問題是，我為何要寫九九乘法表、為何要寫遞迴程式，為何要寫成函式型式…等等疑問，只因為在學校的學子，學習程式是為了可以了解『撰寫程式』的邏輯，並訓練且建立如何運用程式邏輯的能力，解譯現實中面對的問題。然而現實中的問題往往太過於複雜，授課的老師無法有多餘的時間與資源去解釋現實中複雜問題，期望能將現實中複雜問題淬鍊成邏輯上的思路，加以訓練學生其解題思路，但是眾多學子宥於現實問題的困惑，無法單純用純粹的解題思路來進行學習與訓練，反而以現實中的複雜來反駁老師教學太過學理，沒有實務上的應用為由，拒絕深入學習，這樣的情形，反而自己造成了學習上的障礙。

  本系列的書籍，針對目前學習上的盲點，希望讀者從感測器元件認識、、使用、應用到產品開發，一步一步漸進學習，並透過程式技巧的模仿學習，來降低系統龐大產生大量程式與複雜程式所需要了解的時間與成本，透過固定需求對應的程式撰寫技巧模仿學習，可以更快學習單晶片開發與 C 語言程式設計，進而有能力開發出原有產品，進而改進、加強、創新其原有產品固有思維與架構。如此一來，因為學子們進行『重新開發產品』過程之中，可以很有把握的了解自己正在進行什麼，對於學習過程之中，透過實務需求導引著開發過程，可以讓學子們讓實務產出與邏輯化思考產生關連，如此可以一掃過去陰霾，更踏實的進行學習。

這四年多以來的經驗分享，逐漸在這群學子身上看到發芽，開始成長，覺得 Maker 的教育方式，極有可能在未來成為教育的主流，相信我每日、每月、每年不斷的努力之下，未來 Maker 的教育、推廣、普及、成熟將指日可待。

最後，請大家可以加入 Maker 的 Open Knowledge 的行列。

曹永忠 於貓咪樂園

自序

記得自己在大學資訊工程系修習電子電路實驗的時候，自己對於設計與製作電路板是一點興趣也沒有，然後又沒有天分，所以那是苦不堪言的一堂課，還好當年有我同組的好同學，努力的照顧我，命令我做這做那，我不會的他就自己做，如此讓我解決了資訊工程學系課程中，我最不擅長的課。

當時資訊工程學系對於設計電子電路課程，大多數都是專攻軟體的學生去修習時，系上的用意應該是要大家軟硬兼修，尤其是在台灣這個大部分是硬體為主的產業環境，但是對於一個軟體設計，但是缺乏硬體專業訓練，或是對於眾多機械機構與機電整合原理不太有概念的人，在理解現代的許多機電整合設計時，學習上都會有很多的困擾與障礙，因為專精於軟體設計的人，不一定能很容易就懂機電控制設計與機電整合。懂得機電控制的人，也不一定知道軟體該如何運作，不同的機電控制或是軟體開發常常都會有不同的解決方法。

除非您很有各方面的天賦，或是在學校巧遇名師教導，否則通常不太容易能在機電控制與機電整合這方面自我學習，進而成為專業人員。

而自從有了 Arduino 這個平台後，上述的困擾就大部分迎刃而解了，因為 Arduino 這個平台讓你可以以不變應萬變，用一致性的平台，來做很多機電控制、機電整合學習，進而將軟體開發整合到機構設計之中，在這個機械、電子、電機、資訊、工程等整合領域，不失為一個很大的福音，尤其在創意掛帥的年代，能夠自己創新想法，從 Original Idea 到產品開發與整合能夠自己獨立完整設計出來，自己就能夠更容易完全了解與掌握核心技術與產業技術，整個開發過程必定可以提供思維上與實務上更多的收穫。

Arduino 平台引進台灣自今，雖然越來越多的書籍出版，但是從設計、開發、製作出一個完整產品並解析產品設計思維，這樣產品開發的書籍仍然鮮見，尤其是能夠從頭到尾，利用範例與理論解釋並重，完完整整的解說如何用 Arduino 設計出一個完整產品，介紹開發過程中，機電控制與軟體整合相關技術與範例，如此的書籍更是付之闕如。永忠、英德兄與敝人計畫撰寫 Maker 系列，就是基於這樣對市場需要的觀察，開發出這樣的書籍。

　　作者出版了許多的 Arduino 系列的書籍，深深覺的，基礎乃是最根本的實力，所以回到最基礎的地方，希望透過最基本的程式設計教學，來提供眾多的 Makers 在入門 Arduino 時，如何開始，如何攥寫自己的程式，進而介紹不同的週邊模組，主要的目的是希望學子可以學到如何使用這些週邊模組來設計程式，期望在未來產品開發時，可以更得心應手的使用這些週邊模組與感測器，更快將自己的想法實現，希望讀者可以了解與學習到作者寫書的初衷。

　　　　　　　　　　　　　許智誠　　於中壢雙連坡中央大學 管理學院

自序

　　隨著資通技術(ICT)的進步與普及，取得資料不僅方便快速，傳播資訊的管道也多樣化與便利。然而，在網路搜尋到的資料卻越來越巨量，如何將在眾多的資料之中篩選出正確的資訊，進而萃取出您要的知識？如何獲得同時具廣度與深度的知識？如何一次就獲得最正確的知識？相信這些都是大家共同思考的問題。

　　為了解決這些困惱大家的問題，永忠、智誠兄與敝人計畫製作一系列「Maker系列」書籍來傳遞兼具廣度與深度的軟體開發知識，希望讀者能利用這些書籍迅速掌握正確知識。首先規劃「以一個 Maker 的觀點，找尋所有可用資源並整合相關技術，透過創意與逆向工程的技法進行設計與開發」的系列書籍，運用現有的產品或零件，透過駭入產品的逆向工程的手法，拆解後並重製其控制核心，並使用 Arduino 相關技術進行產品設計與開發等過程，讓電子、機械、電機、控制、軟體、工程進行跨領域的整合。

　　近年來 Arduino 異軍突起，在許多大學，甚至高中職、國中，甚至許多出社會的工程達人，都以 Arduino 為單晶片控制裝置，整合許多感測器、馬達、動力機構、手機、平板...等，開發出許多具創意的互動產品與數位藝術。由於 Arduino 的簡單、易用、價格合理、資源眾多，許多大專院校及社團都推出相關課程與研習機會來學習與推廣。

　　以往介紹 ICT 技術的書籍大部份以理論開始、為了深化開發與專業技術，往往忘記這些產品產品開發背後所需要的背景、動機、需求、環境因素等，讓讀者在學習之間，不容易了解當初開發這些產品的原始創意與想法，基於這樣的原因，一般人學起來特別感到吃力與迷惘。

　　本書為了讀者能夠深入了解產品開發的背景，本系列整合 Maker 自造者的觀念與創意發想，深入產品技術核心，進而開發產品，只要讀者跟著本書一步一步研習與實作，在完成之際，回頭思考，就很容易了解開發產品的整體思維。透過這樣的思路，讀者就可以輕易地轉移學習經驗至其他相關的產品實作上。

　　所以本書是能夠自修的書，讀完後不僅能依據書本的實作說明準備材料來製作，盡情享受 DIY(Do It Yourself)的樂趣，還能了解其原理並推展至其他應用。有興趣的讀者可再利用書後的參考文獻繼續研讀相關資料。

　　本書的發行有新的創舉，就是以電子書型式發行，在國家圖書館(http://www.ncl.edu.tw/)、國立公共資訊圖書館 National Library of Public Information(http://www.nlpi.edu.tw/)、台灣雲端圖庫(http://www.ebookservice.tw/)等都可以免費借閱與閱讀，如要購買的讀者也可以到許多電子書網路商城、Google Books 與 Google Play 都可以購買之後下載與閱讀。希望讀者能珍惜機會閱讀及學習，繼續將知識與資訊傳播出去，讓有興趣的眾人都受益。希望這個拋磚引玉的舉動能讓更多人響應與跟進，一起共襄盛舉。

　　本書可能還有不盡完美之處，非常歡迎您的指教與建議。近期還將推出其他 Arduino 相關應用與實作的書籍，敬請期待。

　　最後，請您立刻行動翻書閱讀。

　　　　　　　　　　　　　　蔡英德 於台中沙鹿靜宜大學主顧樓

目 錄

物聯網系列

　　本書內容主要要教讀者，如何使用 Ameba RTL8195AM 開發板連上物聯網平台 ThingSpeak 網站，並實作一個簡單的溫溼度感測裝置，將資料即時傳送到物聯網平台。

　　第二部分是教讀者使用 Apache，自行建立網頁伺服器，並透過 php 程式開發，將該網站轉成一個自製的物聯網平台，研習上部分，將溫溼度感測裝置傳送到自行開發的物聯網網站。

　　第三部分則更進階，直接使用 Ameba RTL8195AM 開發板強大無線網路功能，自行建立網頁伺服器，並整合聲音偵測感測模組，開發一個視覺化顯示功能的物聯網之智慧裝置。

　　筆者對於 Ameba RTL8195AM 開發板，也算是先驅使用者，更感謝原廠支持筆者寫作，更協助開發更多、有用的函式庫，感謝瑞昱科技的 Yves Hsu、Sean Chang、Teresa Liu，Weiting Yeh 等先進協助，筆者不勝感激，希望筆者可以推出更多的入門書籍給更多想要進入『Ameba RTL8195AM』、『物聯網』這個未來大趨勢，所有才有這個程式教學系列的產生。

1

CHAPTER

ThingSpeak 物聯網介紹

ThingSpeak 網站是一個專業的物聯網網站，網址是 https://thingspeak.com，讀者可以利用這個網站先行開發，該網站提供許多免費的資源(曹永忠, 許智誠, & 蔡英德, 2015a, 2015b, 2015c, 2015d, 2015e, 2015f)。

ThingSpeak 網站

ThingSpeak 網站是一個專業的物聯網網站，網址是 https://thingspeak.com，讀者可以利用這個網站先行開發，該網站提供許多免費的資源。

若讀者有不懂之處，可以參考下列網路資源：

http://community.thingspeak.com/tutorials/arduino/using-an-arduino-ethernet-shield-to-update-a-thingspeak-channel/、http://ruten-proteus.blogspot.tw/網站上的文章等等。

建立帳號

讀者先到 ThingSpeak 網站建立帳號，網址是 https://thingspeak.com，進入網站後，可以到主頁，先點選下圖紅框區，先建立一個帳號。(有帳號的讀者可以跳過本章節)。

圖 1 ThinkSpeak 網站主頁

讀者依照下圖所示，將資料輸入完畢後，創建一個可以用的帳號。

圖 2 ThinkSpeak 網站創建帳號

ThinkSpeak 網站創建帳號完成後，會切換到下列畫面。

圖 3 ThinkSpeak 網站創建帳號完成後畫面

帳號登入

讀者先到 ThingSpeak 網站，網址是 https://thingspeak.com，進入網站後，可以到主頁，先點選下圖紅框區，使用您的帳號登入。

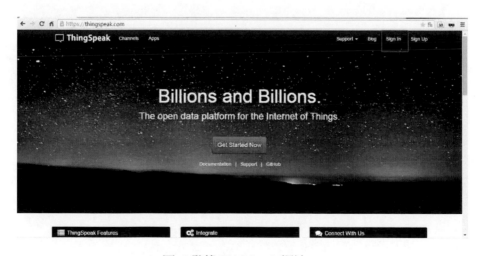

圖 4 登錄 ThinkSpeak 網站

讀者依下圖，輸入您帳號正確資訊後，登入 ThingSpeak 網站。

圖 5 ThinkSpeak 網站登入畫面

查看 Channel 資料

讀者先登入 ThingSpeak 網站後，依下圖紅框處，先行查看目前的 Channel。。

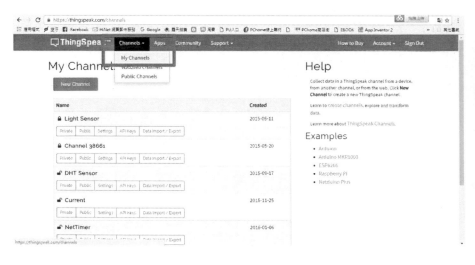

圖 6 查看自己的 channel

創建新 Channel

如果讀者登入 ThingSpeak 網站，網址是 https://thingspeak.com，進入網站後，選擇 Channel 區後，由下圖紅框區所示，沒有任何東西，代表讀者需要先行創建新的 Channel。

圖 7 未創見任何 channel

如果讀者由下圖紅框區所示，點選 New Channel 選單來創建新的 Channel。

圖 8 創建新 Channel 選單

下圖為創建新的 Channel 資訊的簡單介紹畫面。

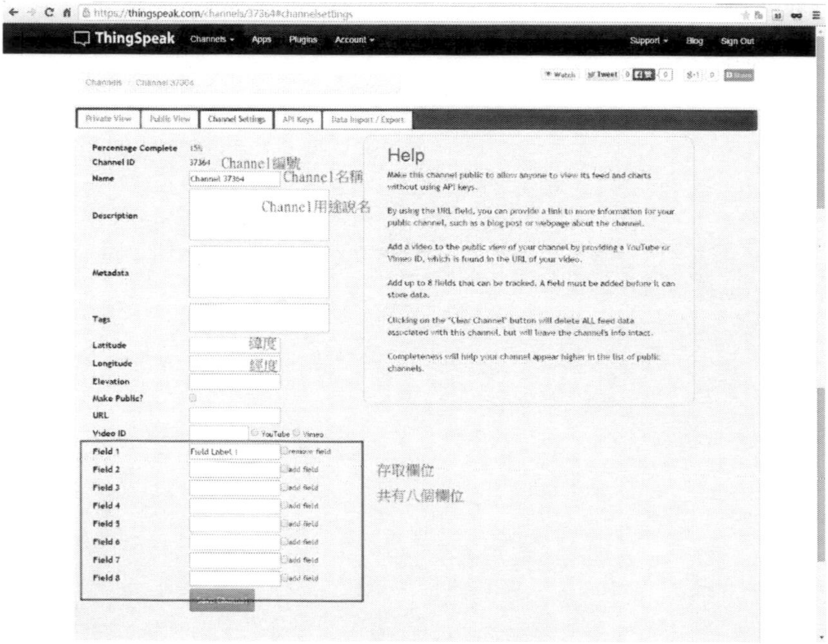

圖 9 創建新 Channel 畫面

讀者可以參考下圖紅框區，將必要的資訊填入。

圖 10 創建新 Channel 畫面(範例)

讀者輸入資料後，將畫面捲軸拉至下方後，參考下圖紅框處，選 Save Channel 的選單，將此 Channel 存檔。

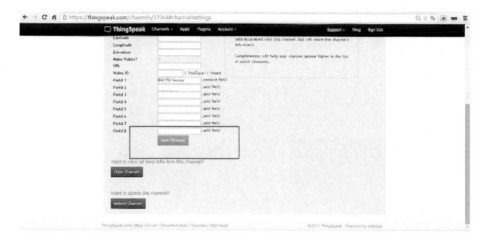

圖 11 儲存新 Channel

讀者可以由下圖所示，完成 Channel 創建後，可以看到這個 Channel 的畫面。

圖 12 新 Channel 完成後的畫面

溫溼度模組電路組立

如下圖所示，這個實驗我們需要用到的實驗硬體有下圖.(a) 的 Ameba RTL8195AM、下圖.(b) MicroUSB 下載線、下圖.(c) DHT22 溫濕度模組：

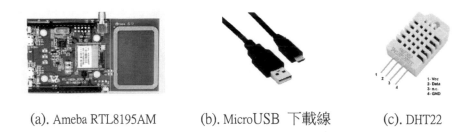

(a). Ameba RTL8195AM　　(b). MicroUSB 下載線　　(c). DHT22

圖 13 溫溼度監控實驗材料表

讀者可以參考下圖所示之溫溼度監控電路圖，進行電路組立。

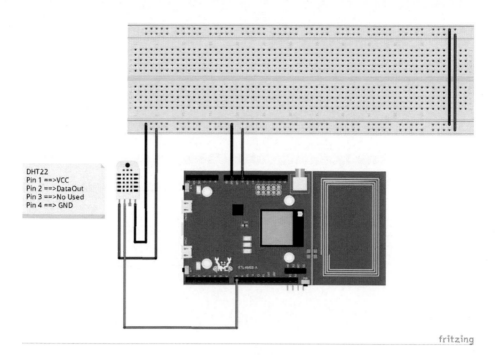

圖 14 溫溼度監控電路圖(D8)

表 1 溫溼度監控(D8)接腳表

接腳	接腳說明	開發板接腳
1	Vcc	電源（+5V）Arduino +5V
2	GND	GND
3	Dataout	Digital Pin 8

1- Vcc
2- Data
3- n.c.
4- GND

取得 Channel 寫入金鑰

讀者先到 ThingSpeak 網站，網址是 https://thingspeak.com，進入網站後，建立一個新的 Channel 之後，先點選下圖紅框區，查看 Channel 的 API Key 的資料。

圖 15 查看 Channel 的 API Key 的資料

讀者由下圖紅框區處，可以看到本 Channel 寫入金鑰，本書範例是『4I2190QE5X7KM714』。

圖 16 取得 Channel 寫入金鑰

為了讓上述程式可以順利運做，讀者依下圖黃色區，將讀者取得的 ThingSpeak 寫入金鑰，填入自己的『ThingSpeak 寫入金鑰』，讀者的程式方能順利執行。

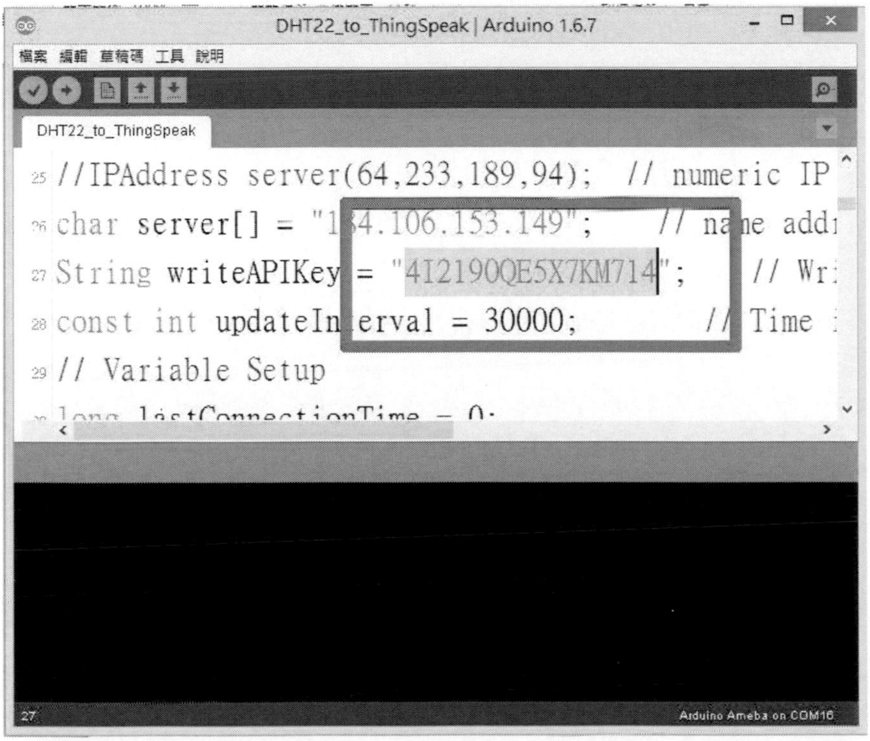

圖 17 變更 ThingSpeak 寫入金鑰

顯示溫溼度

我們先使用 DHT22 溫溼度模組，來取得溫溼度的資料(曹永忠, 許智誠, & 蔡英德, 2015g, 2016a, 2016b)，所以我們遵照前幾章所述，將 Ameba RTL8195AM 開發板的驅動程式安裝好之後，我們打開 Ameba RTL8195AM 開發板的開發工具：Sketch IDE 整合開發軟體(軟體下載請到：https://www.arduino.cc/en/Main/Software，安裝 Ameba RTL8195AM SDK 請參考附錄之 Ameba RTL8195AM 安裝驅動程式)，攢寫一段程式，如下表所示之監控顯示溫溼度程式一，我們就可以讀取溫溼度資料。

表 2 監控顯示溫溼度程式一

```
監控顯示溫溼度程式一(DHT22)

//-------------- dht use
#include "DHT.h"
#define DHTPIN 7          // what digital pin we're connected to


//#define DHTTYPE DHT11       // DHT 11
#define DHTTYPE DHT22       // DHT 22   (AM2302), AM2321
//#define DHTTYPE DHT21       // DHT 21 (AM2301)

DHT dht(DHTPIN, DHTTYPE);



void setup()      /*----( SETUP: RUNS ONCE )----*/
{
    Serial.begin(9600);
  Serial.println("DHTxx test!");
    dht.begin();

}// END Setup

static int count=0;
void loop()
{
  // Reading temperature or humidity takes about 250 milliseconds!
  // Sensor readings may also be up to 2 seconds 'old' (its a very slow sensor)
  float h = dht.readHumidity();
  // Read temperature as Celsius (the default)
  float t = dht.readTemperature();
  // Read temperature as Fahrenheit (isFahrenheit = true)
  float f = dht.readTemperature(true);


  Serial.print("Humidity: ");
  Serial.print(h);
```

```
Serial.print(" %\t");
Serial.print("Temperature: ");
Serial.print(t);
Serial.print(" *C ");
Serial.print(f);
Serial.print(" *F\t\n");


delay(1000);
} // END Loop
```

程式下載：https://github.com/brucetsao/Ameba_IOT_Programming

如下圖所示，我們可以看到監控顯示溫溼度程式一結果畫面。

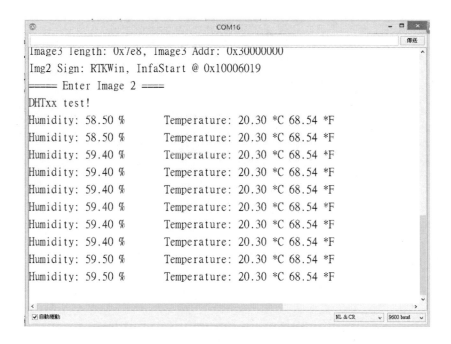

圖 18 使用監控顯示溫溼度程式一結果畫面

上傳溫溼度到 ThingSpeak

我們先使用 DHT22 溫溼度模組，來取得溫溼度的資料(曹永忠 et al., 2015g; 曹永忠, 許智誠, et al., 2016a, 2016b)，所以我們遵照前幾章所述，將 Ameba RTL8195AM 開發板的驅動程式安裝好之後，我們打開 Ameba RTL8195AM 開發板的開發工具：Sketch IDE 整合開發軟體(軟體下載請到：https://www.arduino.cc/en/Main/Software，安裝 Ameba RTL8195AM SDK 請參考附錄之 Ameba RTL8195AM 安裝驅動程式)，攢寫一段程式，如下表所示之，我們就可以將讀取溫溼度資料上傳到 ThingSpeak 雲端。

表 3 上傳 DHT22 資料測試程式

上傳 DHT22 資料測試程式(DHT22_to_ThingSpeak)
| ```
#include <String.h>
//-------------- dht use
#include "DHT.h"
#define DHTPIN 7          // what digital pin we're connected to


//#define DHTTYPE DHT11     // DHT 11
#define DHTTYPE DHT22      // DHT 22   (AM2302), AM2321
//#define DHTTYPE DHT21     // DHT 21 (AM2301)



#include <WiFi.h>

char ssid[] = "BruceSonyC5";        // your network SSID (name)
char pass[] = "bruce1234";       // your network password
int keyIndex = 0;               // your network key Index number (needed only for
WEP)
``` |
```

```
int status = WL_IDLE_STATUS;

WiFiClient client;

DHT dht(DHTPIN, DHTTYPE);

//IPAddress server(64,233,189,94);   // numeric IP for Google (no DNS)
char server[] = "184.106.153.149";       // name address for Google (using DNS)
String writeAPIKey = "4I2190QE5X7KM714";       // Write API Key for a ThingSpeak
Channel
const int updateInterval = 30000;            // Time interval in milliseconds to update
ThingSpeak
// Variable Setup
long lastConnectionTime = 0;
boolean lastConnected = false;
int resetCounter = 0;



void setup()     /*----( SETUP: RUNS ONCE )----*/
{
    Serial.begin(9600);
   Serial.println("DHTxx test!");
    dht.begin();
   if (WiFi.status() == WL_NO_SHIELD) {
     Serial.println("WiFi shield not present");
     // don't continue:
     while (true);
   }
   String fv = WiFi.firmwareVersion();
   if (fv != "1.1.0") {
     Serial.println("Please upgrade the firmware");
   }
   // attempt to connect to Wifi network:
   while (status != WL_CONNECTED) {
     Serial.print("Attempting to connect to SSID: ");
     Serial.println(ssid);
     // Connect to WPA/WPA2 network. Change this line if using open or WEP net-
```

```
work:
    status = WiFi.begin(ssid, pass);

    // wait 10 seconds for connection:
    delay(10000);
  }
  Serial.println("Connected to wifi");
  printWifiStatus();
//    end of init wifi

}// END Setup


void loop()
{
  // Reading temperature or humidity takes about 250 milliseconds!
  // Sensor readings may also be up to 2 seconds 'old' (its a very slow sensor)
  float h = dht.readHumidity();
  // Read temperature as Celsius (the default)
  float t = dht.readTemperature();
  // Read temperature as Fahrenheit (isFahrenheit = true)
  float f = dht.readTemperature(true);


  Serial.print("Humidity: ");
  Serial.print(h);
  Serial.print(" %\t");
  Serial.print("Temperature: ");
  Scrial.print(t);
  Serial.print(" *C ");
  Serial.print(f);
  Serial.print(" *F\t\n");

    // Print Update Response to Serial Monitor
  if (client.available())
  {
    char c = client.read();
    Serial.print(c);
  }
```

```
// Disconnect from ThingSpeak
if (!client.connected() && lastConnected)
{
   Serial.println();
   Serial.println("...disconnected.");
   Serial.println();

   client.stop();
}

// Update ThingSpeak
if(!client.connected() && (millis() - lastConnectionTime > updateInterval))
{
   Serial.println("Now Update ThingSpeak ");
   updateThingSpeak("field1="+String(h)+"&field2="+String(t));
}

lastConnected = client.connected();
delay(2000);
} // END Loop


void updateThingSpeak(String tsData)
{
    if (client.connect(server, 80))
       {
           Serial.println("Connected to ThingSpeak...");
           Serial.println();

           client.print("POST /update HTTP/1.1\n");
           client.print("Host: api.thingspeak.com\n");
           client.print("Connection: close\n");
           Serial.println("X-THINGSPEAKAPIKEY: "+writeAPIKey+"\n");
           client.print("X-THINGSPEAKAPIKEY: "+writeAPIKey+"\n");
           client.print("Content-Type: application/x-www-form-urlencoded\n");
           client.print("Content-Length: ");
           client.print(tsData.length());
           client.print("\n\n");
```

```
            client.print(tsData);
            Serial.println(tsData);

            lastConnectionTime = millis();

            resetCounter = 0;

        }
        else
          {
            Serial.println("Connection Failed.");
            Serial.println();

            resetCounter++;

            if (resetCounter >=5 ) {resetEthernetShield();}

            lastConnectionTime = millis();
          }
}

void resetEthernetShield()
{
  Serial.println("Resetting Ethernet Shield.");
  Serial.println();

  client.stop();
  delay(1000);
 }


void printWifiStatus() {
  // print the SSID of the network you're attached to:
  Serial.print("SSID: ");
  Serial.println(WiFi.SSID());

  // print your WiFi shield's IP address:
  IPAddress ip = WiFi.localIP();
```

```
        Serial.print("IP Address: ");
        Serial.println(ip);

        // print the received signal strength:
        long rssi = WiFi.RSSI();
        Serial.print("signal strength (RSSI):");
        Serial.print(rssi);
        Serial.println(" dBm");
}
```

程式下載：https://github.com/brucetsao/Ameba_IOT_Programming

如下圖所示，我們可以看到上傳 DHT22 資料測試程式結果畫面。

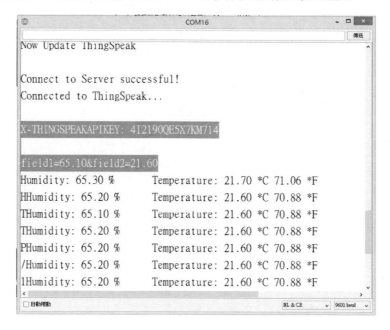

圖 19 上傳 DHT22 資料測試程式結果畫面

查看 Channel 資料

　　讀者在到 ThingSpeak 網站，網址是 https://thingspeak.com，進入網站後，先點選
下圖紅框區，切換到 Channel 的資料。

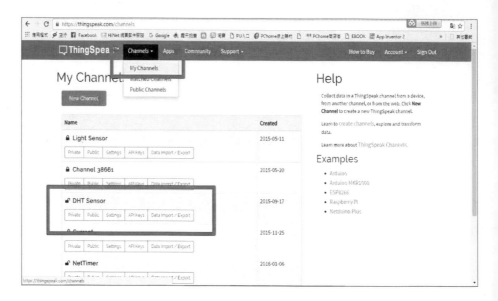

圖 20 切換到 Channel 的資料

　　讀者由下圖紅框區處，可以查閱 Channel 寫入資料。

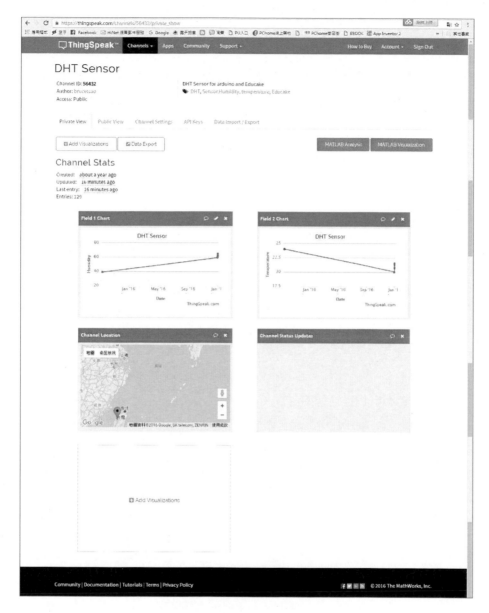

圖 21 查閱 Channel 寫入資料

　　讀者可以看到，我們已經成功的將簡單的亮度監控伺服器的資料，送到
ThinkSpeak 物聯網平台，並可以以查看資料。

Import/Export Channel 資料

讀者在到 ThingSpeak 網站，網址是 https://thingspeak.com，進入網站後，先點選下圖紅框區，切換到 Channel 的資料。

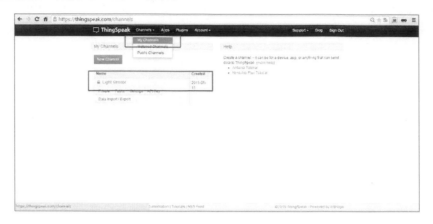

圖 22 切換到 Channel 的資料

讀者可以看到下圖紅框區，可以將 ThinkSpeak 上 Channel 的資料輸出到 PC 個人電腦。

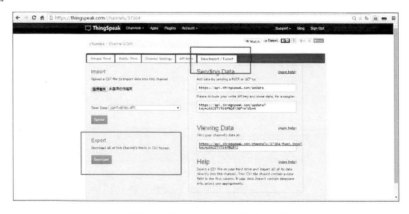

圖 23 輸出 Channel 寫入資料

當讀者按下上圖的『Download』圖示後，我們就可以看到該 Channel 的資料輸出成為 CSV 的資料，並可以由下圖所示，轉成 CSV 的資料在 EXCEL 顯示出來，並可以透過 EXCEL 的任何操作，算出其統計資料或轉成圖表。

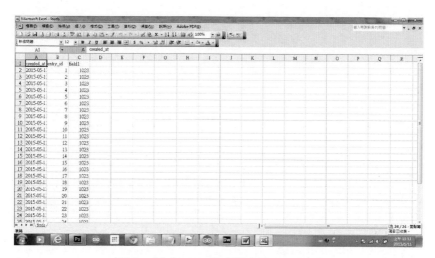

圖 24 轉成 CSV 的資料在 EXCEL 顯示

章節小結

本章主要介紹使用 Ameba RTL8195AM 開發板連接溫溼度感測器，並透過網路整合到 ThingSpeak 物聯網平台，實作出一個溫溼度監控的物聯網伺服器。

2
CHAPTER

運用 Php MYSQL 網站實作物聯網

本章就是要應用 Ameba RTL8195AM 開發板，整合 Apache WebServer(網頁伺服器)，搭配 Php 互動式程式設計與 mySQL 資料庫，建立一個商業資料庫平台，透過 Ameba RTL8195AM 開發板連接溫溼度(本文使用 DHT22 溫濕度感測模組)(曹永忠, 許智誠, et al., 2016a, 2016b)，轉成為一個物聯網中溫濕度感測裝置，透過無線網路(Wifi Access Point)，將資料溫溼度感測資料，透過網頁資料傳送，將資料送入 mySQL 資料庫。

我們再透過 Php 互動式程式設計，簡單地將這些資料庫中的溫溼度感測資料，透過 Php 互動式程式與網路視覺化元件，呈現在網站上。

本章節參考 Intructable(http://www.instructables.com/)網站上，apais(http://www.instructables.com/member/apais/)所做的：Send Arduino data to the Web (PHP/ MySQL/

D3.js)(http://www.instructables.com/id/PART-1-Send-Arduino-data-to-the-Web-PHP-MySQL-D3js/?ALLSTEPS)的文章，作者在根據需求修正本章節內容，有興趣的讀者可以參考原作者的內容，自行改進之(曹永忠 et al., 2015d, 2015e)。

網頁伺服器安裝與使用

首先，作者使用 TWAMPd (VC11 for Windows 7, PHP-5.4/ PHP-5.5/ PHP-5.6)，其 VC11 for Windows 7 請 到 https://goo.gl/Yg5Jlm 或 https://github.com/brucetsao/Tools/tree/master/WebServer，下載其軟體。

下列介紹 TWAMP 規格：
- TWAMP (Tiny Windows Apache MySQL PHP)
- Version: 2.2 from 30th Jun 2010
- Author: Yelban Hsu
- orz99.com - TWAMP

● Support and developer's blog

其套件包含下列元件：

● Apache 2.2.15
● MySQL 5.1.49-community
● PHP 5.2.14
● phpMyAdmin 3.3.5.0
● perl 5.10.0

讀者可以到下列網址：http://drupaltaiwan.org/forum/20110811/5424 下載其安裝包，不懂安裝之處，也可以參考：http://drupaltaiwan.org/forum/20130129/7018 內容進行安裝與使用。

安裝好之後，如下圖，打開安裝後的目錄，作者使用的是 D:\TWAMP 的目錄。

圖 25 免安裝版的 Apache

讀者可以點選下圖紅框處，名稱為『apmxe_zh-TW』的 Apache 伺服器主程式來啟動網頁伺服器。

圖 26 執行 Apache 主程式

　　讀者使用 IE 瀏覽器或 Chrome 瀏覽器或其它瀏覽器，開啟瀏覽器之後，在網址
列輸入『localhost』或『127.0.0.1』(以本機為網頁伺服器)，可以看到下圖，可以看
到 Apache 管理畫面。

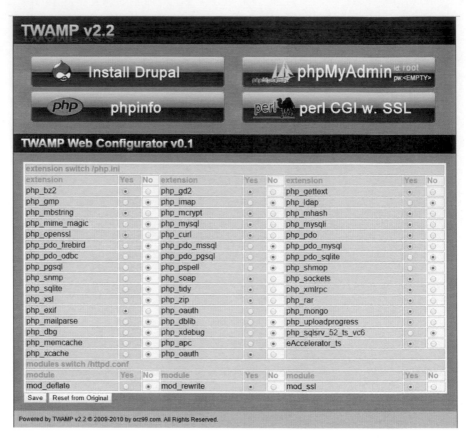

圖 27 Apache 管理畫面

建立資料庫

為了完成本章的實驗，如下圖紅框處所示，先點選『phpMyAdmin』，執行
phpMyAdmin 程式。

圖 28 執行 phpMyAdmin 程式

讀者執行 phpMyAdmin 程式後會先到下圖所示之 phpMyAdmin 登錄界面，先在下圖紅框處輸入帳號與密碼，一般預設都是：使用者為『root』，密碼為『 』，或是您在安裝時自行設定的密碼。

圖 29 登錄 phpMyAdmin 管理界面

讀者登錄 phpMyAdmin 管理程式後，可以看到 phpMyAdmin 主管理界面如下圖所示：

圖 30 phpMyAdmin 主管理畫面

　　首先，我們參考下圖左紅框處，先建立一個資料庫，請讀者建立一個名稱為『iot』的資料庫，並按下下圖右紅框處建立資料庫。

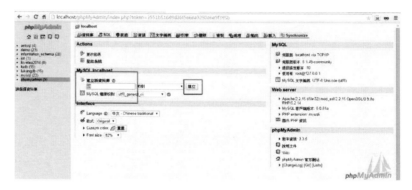

圖 31　建立 iot 資料庫

　　讀者可以看到下圖，我們選擇剛建立好的 iot 資料庫，進入資料庫內。

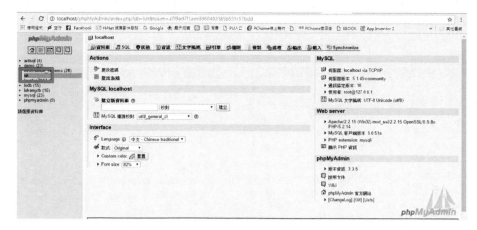

圖 32 選擇資料庫

讀者可以看到下圖，新建立的 iot 資料庫內沒有任何資料表。

圖 33 空白的 iot 資料庫

請讀者在下圖左紅框處：*建立新資料表於資料庫iot* 輸入『dhtData』的資料表名稱，並在欄位數目輸入『6』，在下圖右紅框處按下『執行』鈕。

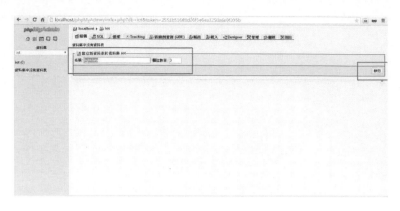

圖 34 建立 dhtData 資料表

請讀者依下表所示,將 dhtData 資料表欄位一一輸入。

表格 4 dhtData 資料表欄位表

序號	欄位名稱	型態	長度	用途
01	id	int		主鍵(自動產生)
02	datetime	datetime		存入日期與時間
03	yyyymmdd	Char	8	年月日(統計分類禁用)
04	humidity	Float		濕度
05	celsius	Float		濕度
06	fahrenheit	Float		濕度

請讀者依上表所示,將 dhtData 資料表欄位,如下圖所示圖,一一輸入要建立的欄位資料。

圖 35 輸入 dhtData 資料表欄位資料

如下圖所示圖，將建立的欄位資料輸入完畢後，請選擇『儲存』。

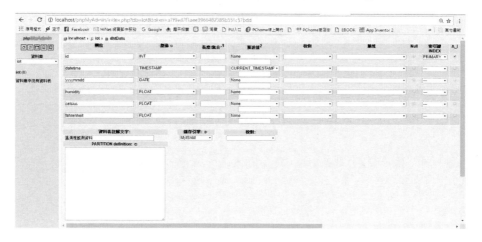

圖 36 輸入 dhtData 資料表欄位內容

如下圖所示圖，mySQL 的 phpMyAdmin 管理系統就會協助我們建立 dhtData 資料表。

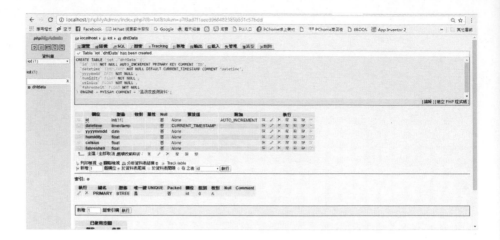

圖 37 產生 dhtData 資料表

如下圖所示圖，我們可以在 iot 資料庫中，該 dhtData 資料表已建立完成。

圖 38 建立完成之 dhtData 資料表

讀者也可以使用 SQL 語法，輸入下列 SQL 語法，建立 dhtData 資料表。

創建 lightdata 資料表(lightdata.sql)
--
-- 資料表格式： `dhtdata`
--

```
CREATE TABLE IF NOT EXISTS `dhtdata` (
  `id` int(11) NOT NULL AUTO_INCREMENT COMMENT 'ID',
  `datetime` timestamp NOT NULL DEFAULT CURRENT_TIMESTAMP
COMMENT 'datetime',
  `yyyymmdd` date NOT NULL,
  `humidity` float NOT NULL,
  `celsius` float NOT NULL,
  `fahrenheit` float NOT NULL,
  PRIMARY KEY (`id`)
) ENGINE=MyISAM DEFAULT CHARSET=utf8 COMMENT='溫濕度感測資料'
AUTO_INCREMENT=1 ;


--
-- 列出以下資料庫的數據： `dhtdata`
--


/*!40101 SET
CHARACTER_SET_CLIENT=@OLD_CHARACTER_SET_CLIENT */;
/*!40101 SET
CHARACTER_SET_RESULTS=@OLD_CHARACTER_SET_RESULTS */;
/*!40101 SET
COLLATION_CONNECTION=@OLD_COLLATION_CONNECTION */;
```

網站 php 程式設計(瀏覽資料篇)

進入 Dream Weaver CS6 主畫面

為了簡化程式設計困難度，本文採用 Adobe 公司開發的 Adobe Creative Suite系列，採用 CS6 版本的 Dream Weaver CS6 進行設計。

如下圖所示，為 Dream Weaver CS6 的主畫面，對於 Dream Weaver CS6 的基本操作，請讀者自行購書或網路文章學習之。

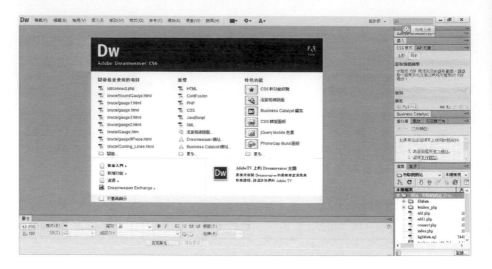

圖 39 Dream Weaver CS6 的主畫面

開啟新檔案

如下圖所示，我們先行開啟新檔案。

圖 40 開啟新檔案

新增 PHP 網頁檔

如下圖所示，我們先行新增 PHP 網頁檔。

圖 41 新增 php 網頁

編輯新檔案

如下圖所示，我們開始編輯新檔案。

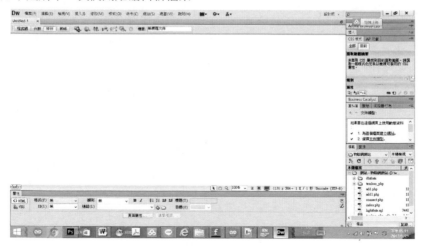

圖 42 空白的 php 網頁(設計端)

插入表單

如下圖所示，我們先行插入表單。

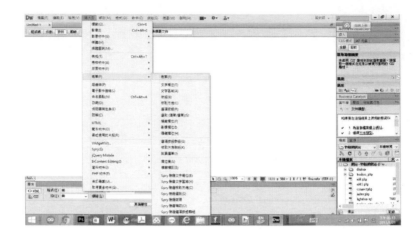

圖 43 插入表單

開始設計表單

如下圖所示，我們開始設計表單。

圖 44 開始設計表單

插入表格

如下圖所示，我們先行插入表格。

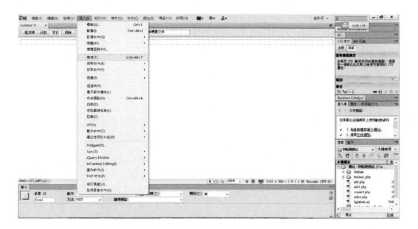

圖 45 插入表格

插入 2X6 表格

如下圖所示，我們先行插入 2X6 表格。

圖 46 插入 2X6 表格

產生 2X6 表格

如下圖所示，我們產生 2X6 表格。

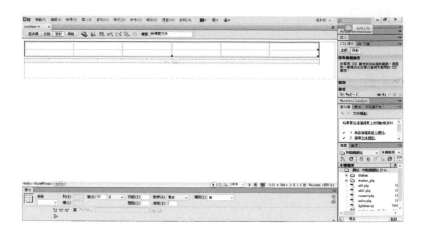

圖 47 產生 2X6 表格

輸入表格標題

如下圖所示，我們先行輸入表格標題。

圖 48 輸入表格標題

調整表格欄位大小

如下圖所示，我們先行開啟新檔案。

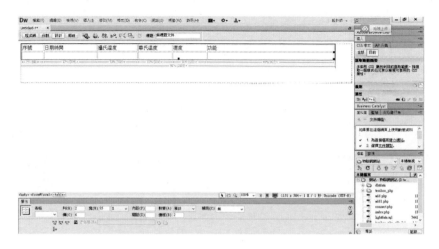

圖 49 調整表格欄位大小

設定表格標題居中對齊

如下圖所示，我們先行設定表格標題居中對齊。

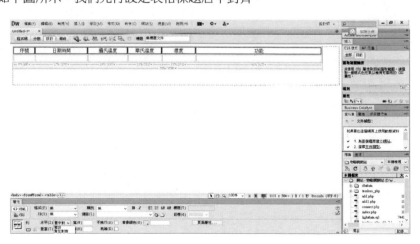

圖 50 設定表格標題居中對齊

瀏覽資料程式檔先行存檔

如下圖所示，我們先行將瀏覽資料程式檔先行存檔。

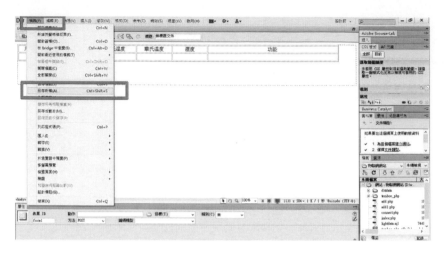

圖 51 瀏覽資料程式檔先行存檔

建立網頁系統子目錄

如下圖所示，我們先行建立網頁系統子目錄。

圖 52 建立網頁系統子目錄

瀏覽資料程式檔存檔

如下圖所示，我們先行將瀏覽資料程式檔存檔。

圖 53 瀏覽資料程式檔存檔

建立 mysql 連線

如下圖所示，我們先行建立 mysql 連線。

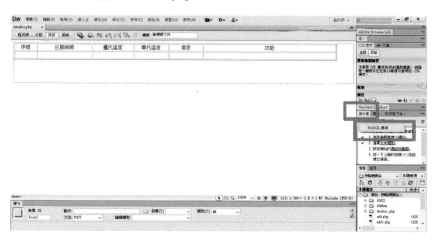

圖 54 建立 mysql 連線

mysql 連線設定畫面

如下圖所示，我們先行開啟新檔案。

圖 55 mysql 連線設定畫面

設定 mysql 連線

如下圖所示，我們先行設定 mysql 連線。

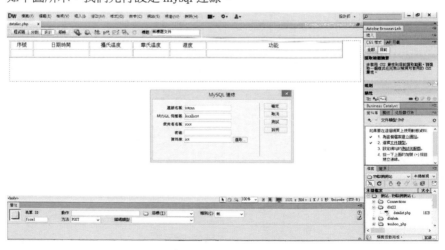

圖 56 設定 mysql 連線

mysql 連線設定完成畫面

如下圖所示，我們看到 mysql 連線設定完成畫面。

圖 57 mysql 連線設定完成畫面

打開連線資料表資料區

如下圖所示，我們先行打開連線資料表資料區。

圖 58 打開連線資料表資料區

建立資料查詢

如下圖所示，我們先行建立資料查詢。

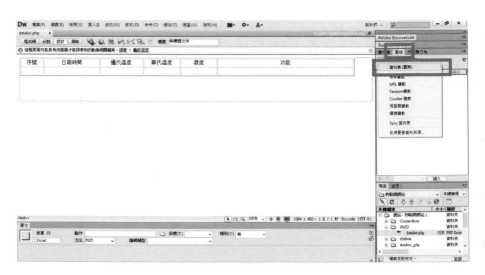

圖 59 建立資料查詢

連線資料集建立畫面

如下圖所示，我們可看到連線資料集建立畫面。

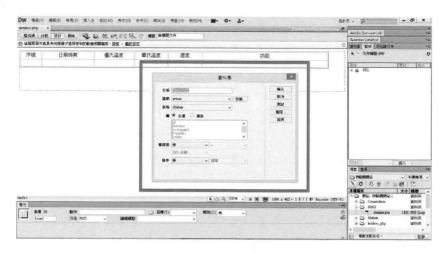

圖 60 連線資料集建立畫面

設定連線資料集內容

如下圖所示，我們先行設定連線資料集內容。

圖 61 設定連線資料集內容

展開連線資料集欄位

如下圖所示，我們先行展開連線資料集欄位。

圖 62 展開連線資料集欄位

將擷取資料欄位填入對應表格欄位

如下圖所示，我們將擷取資料欄位填入對應表格欄位。

圖 63 將擷取資料欄位填入對應表格欄位

將單筆處理功能填入表格

如下圖所示，我們將單筆處理功能填入表格。

圖 64 將單筆處理功能填入表格

選取重複顯示資料區

如下圖所示，我們先行選取重複顯示資料區。

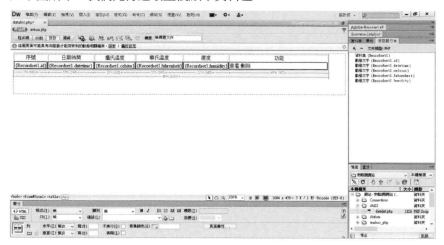

圖 65 選取重複顯示資料區

建立重複顯示資料功能

如下圖所示，我們建立重複顯示資料功能。

圖 66 建立重複顯示資料功能

設定重複顯示資料之每頁筆數

如下圖所示，我們先行設定重複顯示資料之每頁筆數。

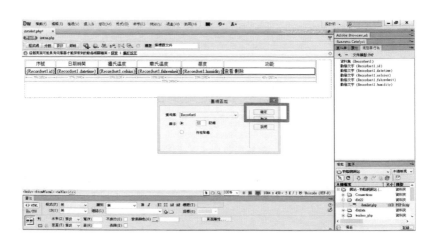

圖 67 設定重複顯示資料之每頁筆數

處理上下頁與筆功能區域開啟新檔案

如下圖所示，我們先行開啟新檔案。

圖 68 處理上下頁與筆功能區域

建立移動到首頁功能(畫面)

如下圖所示，我們先行建立移動到首頁功能(畫面)。

圖 69 建立移動到首頁功能(畫面)

已建立移動到首頁功能

如下圖所示，我們已建立移動到首頁功能。

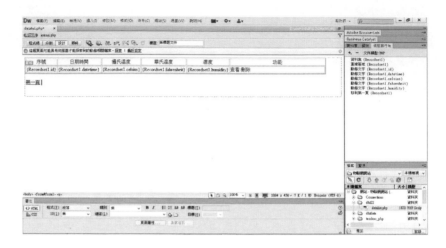

圖 70 已建立移動到首頁功能

建立移動到上一頁功能

如下圖所示，我們先行建立移動到上一頁功能。

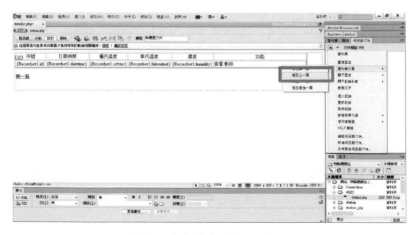

圖 71 建立移動到上一頁功能

建立移動到上一頁功能(畫面)

如下圖所示,我們可以見到建立移動到上一頁功能(畫面)。

圖 72 建立移動到上一頁功能(畫面)

已建立移動到上一頁功能

如下圖所示,我們已建立移動到上一頁功能。

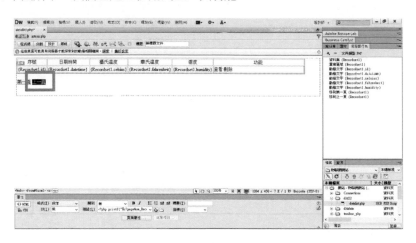

圖 73 已建立移動到上一頁功能

建立移動到下一頁功能

如下圖所示,我們先行建立移動到下一頁功能。

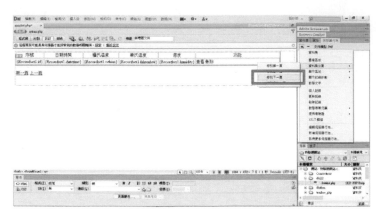

圖 74 建立移動到下一頁功能

建立移動到下一頁功能(畫面)

如下圖所示,我們可以見到建立移動到下一頁功能(畫面)。

圖 75 建立移動到下一頁功能(畫面)

已建立移動到下一頁功能

如下圖所示，我們已建立移動到下一頁功能。

圖 76 已建立移動到下一頁功能

建立移動到末頁功能

如下圖所示，我們先行建立移動到末頁功能。

圖 77 建立移動到末頁功能

建立移動到末頁功能(畫面)

如下圖所示，我們先行建立移動到末頁功能(畫面)。

圖 78 建立移動到末頁功能(畫面)

已建立移動到末頁功能

如下圖所示，我們已建立移動到末頁功能。

圖 79 已建立移動到末頁功能

網站 php 程式設計(插入資料篇)

進入 Dream Weaver CS6 主畫面

為了簡化程式設計困難度，本文採用 Adobe 公司開發的 Adobe Creative Suite系列，採用 CS6 版本的 Dream Weaver CS6 進行設計。

如下圖所示，為 Dream Weaver CS6 的主畫面，對於 Dream Weaver CS6 的基本操作，請讀者自行購書或網路文章學習之。

圖 80 Dream Weaver CS6 的主畫面

開啟新檔案

如下圖所示，我們先行開啟新檔案。

圖 81 開啟新檔案

新增 PHP 網頁檔

如下圖所示，我們先行新增 PHP 網頁檔。

圖 82 新增 php 網頁

編輯新檔案

如下圖所示，我們開始編輯新檔案。

圖 83 空白的 php 網頁(設計端)

切換到程式設計畫面

如下圖所示，我們切換到程式設計畫面。

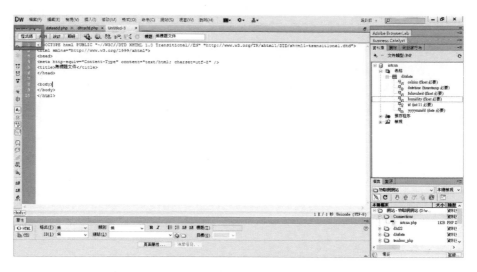

圖 84 切換到程式設計畫面

首先，我們先將資料庫連線程式攥寫好，如下表之資料庫連線程式，我們就可以網站的 PHP 程式連線到 mySQL 資料庫，進而連接 iot 的資料庫。

表 5 資料庫連線程式

資料庫連線程式(connect.php)

```php
<?php

    function Connection(){
        $server="localhost";
        $user="root";
        $pass="";
        $db="iot";

        $connection = mysql_connect($server, $user, $pass);

        if (!$connection) {
            die('MySQL ERROR: ' . mysql_error());
        }

        mysql_select_db($db) or die( 'MySQL ERROR: '. mysql_error() );

        return $connection;
    }
?>
```

變數介紹：

- $server="localhost";   ==>mySQL 資料庫 ip 位址
- $user="root";   ==>mySQL 資料庫管理者名稱
- $pass="";   ==>mySQL 資料庫管理者連線密碼
    - $db="iot";   ==>連到 mySQL 資料庫之後要切換的資料庫名稱

將 connect 程式填入

如下圖所示，我們將 connect 程式填入。

圖 85 將 connect 程式填入

將 connect 連線程式存檔

如下圖所示,我們將 connect 連線程式存檔。

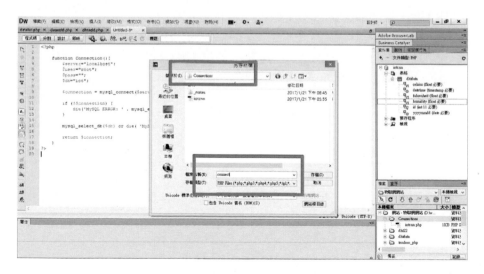

圖 86 將 connect 連線程式存檔

修正 connect 連線程式

　　如下表所示，我們將 connect.php 連線程式，進行程式修正，讓後面的的程式可以使用正常。

表 6 connect 連線程式

connect 連線程式(connect.php)

```php
<?php

    function Connection(){
        $server="localhost";
        $user="root";
        $pass="";
        $db="iot";

        $connection = mysql_connect($server, $user, $pass);

        if (!$connection) {
            die('MySQL ERROR: ' . mysql_error());
        }

        mysql_select_db($db) or die( 'MySQL ERROR: '. mysql_error() );

        return $connection;
    }
?>
```

開啟新檔案

　　如下圖所示，我們先行開啟新檔案。

圖 87 開啟新檔案

新增 PHP 網頁檔

如下圖所示，我們先行新增 PHP 網頁檔。

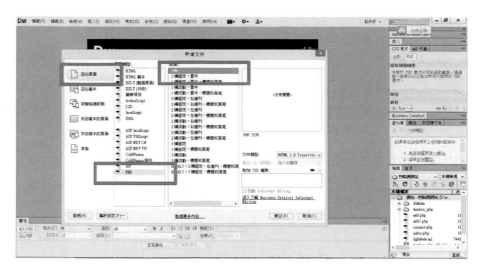

圖 88 新增 php 網頁

編輯新檔案

如下圖所示，我們開始編輯新檔案。

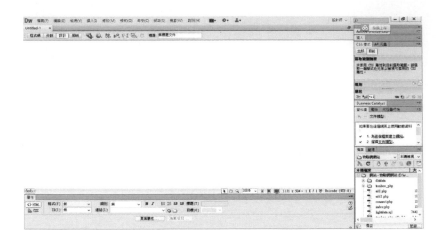

圖 89 空白的 php 網頁(設計端)

插入表單

如下圖所示，我們先行插入表單。

圖 90 插入表單

開始設計表單

如下圖所示，我們開始設計表單。

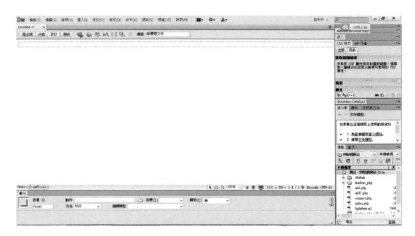

圖 91 開始設計表單

瀏覽資料程式檔先行存檔

如下圖所示，我們先行將瀏覽資料程式檔先行存檔。

圖 92 資料新增程式檔先行存檔

建立 mysql 連線

如下圖所示，我們先行建立 mysql 連線。

圖 93 建立 mysql 連線

mysql 連線設定畫面

如下圖所示，我們先行開啟新檔案。

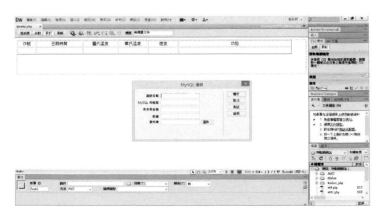

圖 94 mysql 連線設定畫面

設定 mysql 連線

如下圖所示，我們先行設定 mysql 連線。

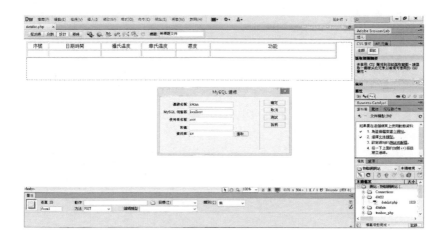

圖 95 設定 mysql 連線

mysql 連線設定完成畫面

如下圖所示，我們看到 mysql 連線設定完成畫面。

圖 96 mysql 連線設定完成畫面

使用建立 URL 變數功能

如下圖所示，我們先行打開連線資料表資料區。

圖 97 使用建立 URL 變數功能

建立第一欄位之 URL 變數

如下圖所示，我們先行建立第一欄位之 URL 變數。

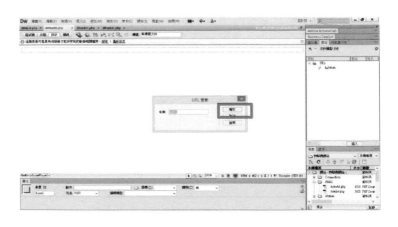

圖 98 建立第一欄位之 URL 變數

建立第二欄位之 URL 變數

如下圖所示,我們先行建立第二欄位之 URL 變數。

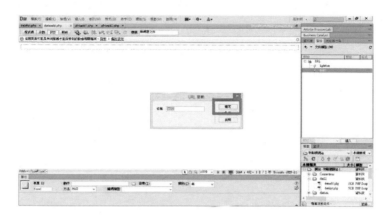

圖 99 建立第二欄位之 URL 變數

建立第三欄位之 URL 變數

如下圖所示,我們先行建立第三欄位之 URL 變數。

圖 100 建立第三欄位之 URL 變數

完成建立三欄位之 URL 變數

如下圖所示，我們完成建立三欄位之 URL 變數。

圖 101 完成建立三欄位之 URL 變數

切換 dataadd 到程式設計畫面

如下圖所示，我們切換 dataadd 到程式設計畫面。

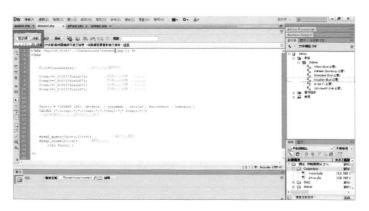

圖 102 切換 dataadd 到程式設計畫面

首先，我們先將 dhtdata 資料表新增程式攥寫好，如下表之 dhtdata 資料表新

增程式，填入上表所示之 dataadd 到程式設計畫面之中，完成程式攥寫。

表 7 dhtdata 資料表新增程式

資料庫連線程式(dataadd.php)

```php
<?php require_once('../Connections/connect.php');



    $link=Connection();        //產生 mySQL 連線物件

    $temp1=$_GET["field1"];      //取得 POST 參數 : field1
    $temp2=$_GET["field2"];      //取得 POST 參數 : field2
    $temp3=$_GET["field3"];      //取得 POST 參數 : field3



    $query = "INSERT INTO dhtdata (yyyymmdd,celsius,fahrenheit,humidity)
VALUES (".getYMD().",".$temp1.",".$temp2.",".$temp3.")";
    //組成新增到 dhtdata 資料表的 SQL 語法



    echo $query ;

    mysql_query($query,$link);            //執行 SQL 語法
    mysql_close($link);        //關閉 Query


function getYMD(){
    $today = getdate();
    date("Y/m/d H:i");    //日期格式化
    $year=$today["year"]; //年
    $month=$today["mon"]; //月
    $day=$today["mday"];    //日

    if(strlen($month)=='1')$month='0'.$month;
```

- 73 -

```
    if(strlen($day)=='1')$day='0'.$day;
    $today=$year.$month.$day;
    //echo "今天日期 : ".$today;


    return $today;
}
?>
```

使用瀏覽器進行 dataadd 程式測試

如下圖所示，我們使用開發端與測試端同一機之本機測試，請打開瀏覽器(本為文 Chrome 瀏 覽 器) ， 在 網 址 列 輸 入『http://localhost/iot/dht22/dataadd.php?field1=24&field2=43&field3=60』後，按下『Enter』鍵完成輸入。

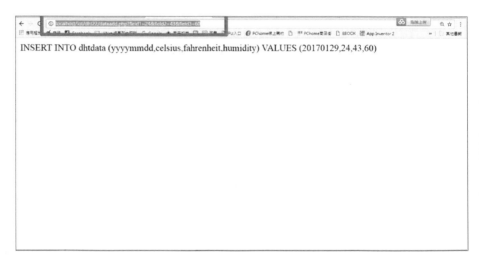

圖 103 瀏覽器進行 dataadd 程式測試畫面

使用瀏覽器進行資料瀏覽

如下圖所示，我們使用瀏覽器進行資料瀏覽，本方法是使用開發端與測試端同

一機之本機測試，請打開瀏覽器(本為文 Chrome 瀏覽器)，在網址列輸入
『http://localhost/iot/dht22/datalist.php』後，按下『Enter』鍵完成輸入。

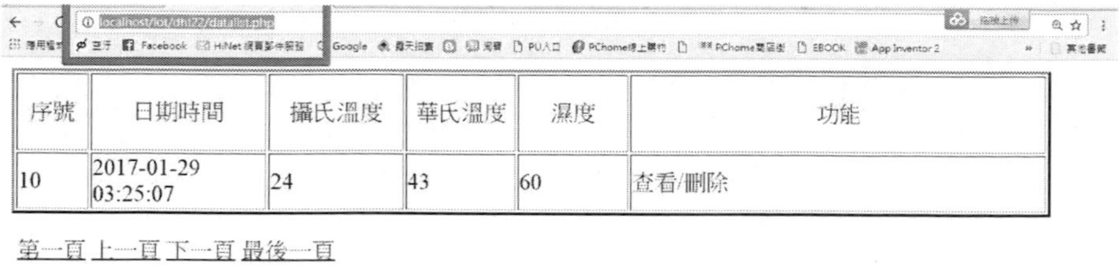

序號	日期時間	攝氏溫度	華氏溫度	濕度	功能
10	2017-01-29 03:25:07	24	43	60	查看/刪除

第一頁 上一頁 下一頁 最後一頁

圖 104 使用瀏覽器進行資料瀏覽畫面

完成伺服器程式設計

如上圖所示，我們使用瀏覽器進行資料瀏覽，我可以知道，透過 php Get 的方
法，使用 Get 方法，在網址列，透過參數傳遞(使用參數名=內容)的方法，我們已
經可以將資料正常送入網頁的資料庫了。

設計讀取溫溼度裝置

如下圖所示，這個實驗我們需要用到的實驗硬體有下圖.(a)的 Ameba
RTL8195AM、下圖.(b) MicroUSB 下載線、LCD 2004 I²C 板：

電路組立

如下圖所示，這個實驗我們需要用到的實驗硬體有下圖.(a)的 Ameba

- 75 -

RTL8195AM、下圖.(b) MicroUSB 下載線、下圖.(c) DHT22 溫濕度模組：

(a). Ameba RTL8195AM　　　(b). MicroUSB 下載線　　　(c). DHT22

圖 105 溫溼度監控實驗材料表

讀者可以參考下圖所示之溫溼度監控電路圖，進行電路組立。

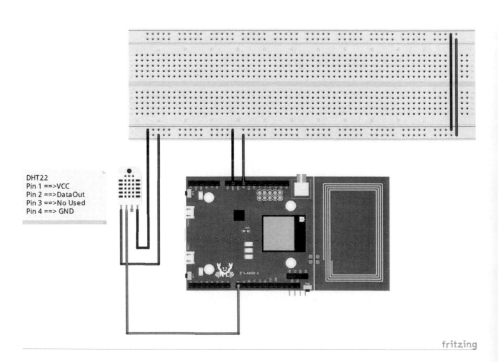

圖 106 溫溼度監控電路圖(D8)

表 8 溫溼度監控(D8)接腳表

接腳	接腳說明	開發板接腳
1	Vcc	電源 (+5V) Arduino +5V
2	GND	GND
3	Dataout	Digital Pin 8

顯示溫溼度

我們先使用 DHT22 溫溼度模組，來取得溫溼度的資料(曹永忠, 吳佳駿, 許智誠, & 蔡英德, 2016a, 2016b; 曹永忠 et al., 2015g; 曹永忠, 許智誠, et al., 2016a, 2016b)，所以我們遵照前幾章所述，將 Ameba RTL8195AM 開發板的驅動程式安裝好之後，我們打開 Ameba RTL8195AM 開發板的開發工具：Sketch IDE 整合開發軟體(軟體下載請到：https://www.arduino.cc/en/Main/Software，安裝 Ameba RTL8195AM SDK 請參考附錄之 Ameba RTL8195AM 安裝驅動程式)，攢寫一段程式，如下表所示之監控顯示溫溼度程式一，我們就可以讀取溫溼度資料。

表 9 監控顯示溫溼度程式一

監控顯示溫溼度程式一(DHT22)
``` //-------------- dht use #include "DHT.h" #define DHTPIN 7   // what digital pin we're connected to ```

```cpp
//#define DHTTYPE DHT11     // DHT 11
#define DHTTYPE DHT22     // DHT 22   (AM2302), AM2321
//#define DHTTYPE DHT21     // DHT 21 (AM2301)

DHT dht(DHTPIN, DHTTYPE);



void setup()     /*----( SETUP: RUNS ONCE )----*/
{
    Serial.begin(9600);
  Serial.println("DHTxx test!");
    dht.begin();

}// END Setup

static int count=0;
void loop()
{
  // Reading temperature or humidity takes about 250 milliseconds!
  // Sensor readings may also be up to 2 seconds 'old' (its a very slow sensor)
  float h = dht.readHumidity();
  // Read temperature as Celsius (the default)
  float t = dht.readTemperature();
  // Read temperature as Fahrenheit (isFahrenheit = true)
  float f = dht.readTemperature(true);


  Serial.print("Humidity: ");
  Serial.print(h);
  Serial.print(" %\t");
  Serial.print("Temperature: ");
  Serial.print(t);
  Serial.print(" *C ");
  Serial.print(f);
  Serial.print(" *F\t\n");


  delay(1000);
```

} // END Loop

程式下載：https://github.com/brucetsao/Ameba_IOT_Programming

如下圖所示，我們可以看到監控顯示溫溼度程式一結果畫面。

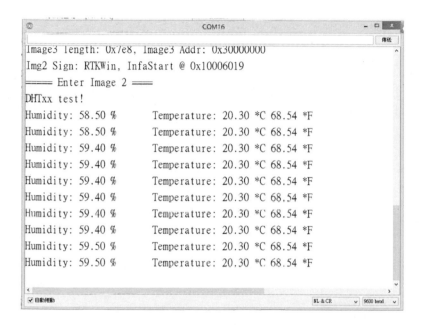

圖 107 使用監控顯示溫溼度程式一結果畫面

網頁測試

上傳溫溼度資料到網頁資料庫

我們已經使用 DHT22 溫溼度模組，來取得溫溼度的資料，再來我們可以將取得的溫溼度上傳到我們開發的 Apache 網頁伺服器，透過原有的 php 程式，將資料送到 mySQL 資料庫。

所以我們遵照前幾章所述，將 Ameba RTL8195AM 開發板的驅動程式安裝好之後，我們打開 Ameba RTL8195AM 開發板的開發工具：Sketch IDE 整合開發軟體(軟體下載請到：https://www.arduino.cc/en/Main/Software，安裝 Ameba RTL8195AM SDK 請參考附錄之 Ameba RTL8195AM 安裝驅動程式)，攢寫一段程式，如下表所示之監控顯示溫溼度程式一，我們就可以讀取溫溼度資料。

表 10 上傳溫溼度資料到網頁資料庫程式一

上傳溫溼度資料到網頁資料庫程式一(DHT22_to_mySQL_by_GET)

```
#include <WiFi.h>

char ssid[] = "PM25";            // your network SSID (name)
char pass[] = "qq12345678";         // your network password
int keyIndex = 0;                          // your network key Index number (needed only
for WEP)
int status = WL_IDLE_STATUS;
char server[] = "10.1.1.12";       // name address for Google (using DNS)
int serverPort = 80 ;
//-------------- dht use
#include "DHT.h"
#define DHTPIN 8        // what digital pin we're connected to


//#define DHTTYPE DHT11       // DHT 11
#define DHTTYPE DHT22       // DHT 22    (AM2302), AM2321
//#define DHTTYPE DHT21       // DHT 21 (AM2301)

DHT dht(DHTPIN, DHTTYPE);
String strGet="GET /iot/dht22/dataadd.php";
String strHttp=" HTTP/1.1";
String strHost="Host: 10.1.1.12";   //OK
  String connectstr ;
WiFiClient client;
void setup()     /*----( SETUP: RUNS ONCE )----*/
{
```

```
    Serial.begin(9600);
  Serial.println("DHTxx test!");
    dht.begin();
  // check for the presence of the shield:
  if (WiFi.status() == WL_NO_SHIELD) {
    Serial.println("WiFi shield not present");
    // don't continue:
    while (true);
  }
  String fv = WiFi.firmwareVersion();
  if (fv != "1.1.0") {
    Serial.println("Please upgrade the firmware");
  }
  // attempt to connect to Wifi network:
  while (status != WL_CONNECTED) {
    Serial.print("Attempting to connect to SSID: ");
    Serial.println(ssid);
    // Connect to WPA/WPA2 network. Change this line if using open or WEP net-
work:
    status = WiFi.begin(ssid, pass);

    // wait 10 seconds for connection:
    delay(10000);
  }
  Serial.println("Connected to wifi");
  printWifiStatus();

}// END Setup

static int count=0;
void loop()
{
    connectstr = "" ;
  // Reading temperature or humidity takes about 250 milliseconds!
  // Sensor readings may also be up to 2 seconds 'old' (its a very slow sensor)
  float h = dht.readHumidity();
  // Read temperature as Celsius (the default)
  float t = dht.readTemperature();
  // Read temperature as Fahrenheit (isFahrenheit = true)
```

```
    float f = dht.readTemperature(true);


    Serial.print("Humidity: ");
    Serial.print(h);
    Serial.print(" %\t");
    Serial.print("Temperature: ");
    Serial.print(t);
    Serial.print(" *C ");
    Serial.print(f);
    Serial.print(" *F\t\n");

    connectstr = "?field1=" + String(t)+"&field2="+ String(f)+"&field3="+ String(h);
        Serial.println(connectstr) ;
            if (client.connect(server, serverPort)) {
                Serial.print("Make a HTTP request ... ");
                //### Send to Server
                String strHttpGet = strGet + connectstr + strHttp;


                client.println(strHttpGet);
                client.println(strHost);
                client.println();
              }

    if (client.connected()) {
       client.stop();    // DISCONNECT FROM THE SERVER
    }


    delay(3000); // WAIT FIVE MINUTES BEFORE SENDING AGAIN

} // END Loop

void printWifiStatus() {
    // print the SSID of the network you're attached to:
    Serial.print("SSID: ");
    Serial.println(WiFi.SSID());


    // print your WiFi shield's IP address:
    IPAddress ip = WiFi.localIP();
```

```
Serial.print("IP Address: ");
Serial.println(ip);

// print the received signal strength:
long rssi = WiFi.RSSI();
Serial.print("signal strength (RSSI):");
Serial.print(rssi);
Serial.println(" dBm");
}
```

程式下載：<u>https://github.com/brucetsao/Ameba_IOT_Programming</u>

如下圖所示，我們可以看到上傳溫溼度資料到網頁資料庫程式一結果畫面。

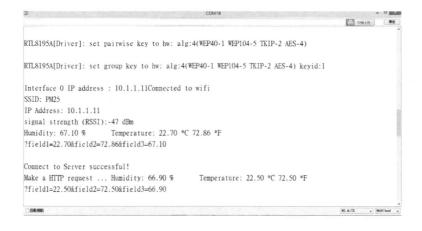

圖 108 上傳溫溼度資料到網頁資料庫程式一結果畫面

如下圖所示，我們可以使用瀏覽器，透過我們已開發 php 程式：datalist.php，看到網頁上顯示上傳溫溼度資料的結果畫面。

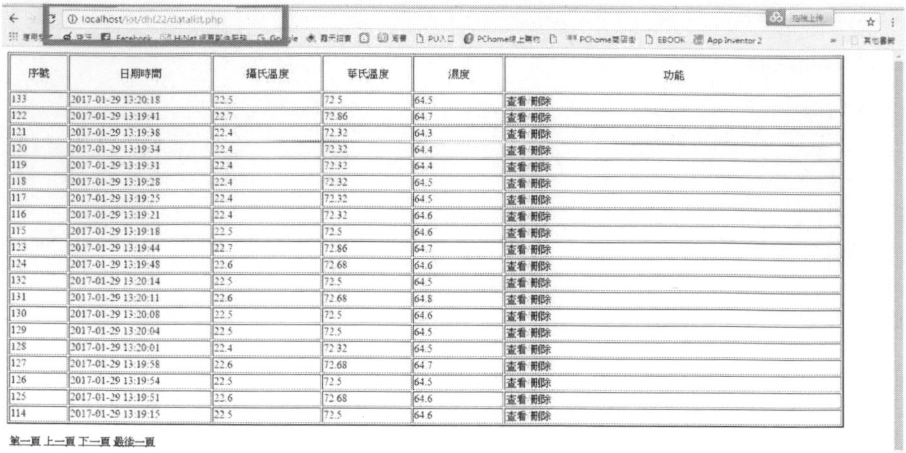

localhost/iot/dht22/datalist.php

序號	日期時間	攝氏溫度	華氏溫度	濕度	功能
133	2017-01-29 13:20:18	22.5	72.5	64.5	查看 刪除
122	2017-01-29 13:19:41	22.7	72.86	64.7	查看 刪除
121	2017-01-29 13:19:38	22.4	72.32	64.3	查看 刪除
120	2017-01-29 13:19:34	22.4	72.32	64.4	查看 刪除
119	2017-01-29 13:19:31	22.4	72.32	64.4	查看 刪除
118	2017-01-29 13:19:28	22.4	72.32	64.5	查看 刪除
117	2017-01-29 13:19:25	22.4	72.32	64.5	查看 刪除
116	2017-01-29 13:19:21	22.4	72.32	64.6	查看 刪除
115	2017-01-29 13:19:18	22.5	72.5	64.6	查看 刪除
123	2017-01-29 13:19:44	22.7	72.86	64.7	查看 刪除
124	2017-01-29 13:19:48	22.6	72.68	64.6	查看 刪除
132	2017-01-29 13:20:14	22.5	72.5	64.5	查看 刪除
131	2017-01-29 13:20:11	22.6	72.68	64.8	查看 刪除
130	2017-01-29 13:20:08	22.5	72.5	64.6	查看 刪除
129	2017-01-29 13:20:04	22.5	72.5	64.5	查看 刪除
128	2017-01-29 13:20:01	22.4	72.32	64.5	查看 刪除
127	2017-01-29 13:19:58	22.6	72.68	64.7	查看 刪除
126	2017-01-29 13:19:54	22.5	72.5	64.5	查看 刪除
125	2017-01-29 13:19:51	22.6	72.68	64.6	查看 刪除
114	2017-01-29 13:19:15	22.5	72.5	64.6	查看 刪除

第一頁 上一頁 下一頁 最後一頁

圖 109 網頁上顯示上傳溫溼度資料的結果畫面

章節小結

本章主要介紹 Ameba RTL8195AM 開發板，透過 Wifi Access Point 無線連線方式，並在可連到的網域建立一個 Apache 網頁伺服器，並在該網頁伺服器開發一個溫濕度監控網站，並提供新增、瀏覽的網頁。

接著使用 Ameba RTL8195AM 開發板，透過溫濕度感測模組，並使用 Http GET 的方式，將溫濕度資料，上傳到溫濕度監控網站，並透過該具有資料庫功能的溫濕度監控網站將資料顯示出來。

3

CHAPTER

網路視覺化儀表篇

本章主要介紹讀者如何使用 Ameba RTL8195AM 開發板來使用網路來建構網路
伺服器，使用者連接到 Ameba RTL8195AM 開發板所建置的網頁伺服器，可以看到
目前 Ameba RTL8195AM 開發板連接的感測器資料，並以視覺化的儀表板顯示之。

建立簡單的網頁伺服器

以往在網路議題上，建立網頁伺服器是一件非常具有技術的技術，隨著科技技
術演進，大量各類的函式庫開放與流通，建立一個簡單的網頁伺服器不再是遙不可
及的一件事，使用 Ameba RTL8195AM 開發版來做建立一個簡單的網頁伺服器更非
難事，所以本節要介紹如何建立簡單的網頁伺服器，透過攥寫程式來建立一個簡單
的網頁伺服器。

麥克風模組電路組立

如下圖所示，這個實驗我們需要用到的實驗硬體有下圖.(a)的 Ameba
RTL8195AM、下圖.(b) MicroUSB 下載線、下圖.(c) 麥克風模組：

(a). Ameba RTL8195AM　　(b). MicroUSB 下載線　　(c). 麥克風模組

圖 110 溫溼度監控實驗材料表

讀者可以參考下圖所示之溫溼度監控電路圖，進行電路組立。

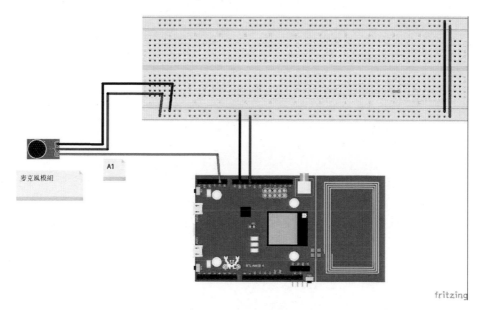

圖 111 麥克風模組電路圖

表 11 麥克風模組接腳表

接腳	接腳說明	開發板接腳
1	Vcc	電源 (+5V) Arduino +5V
2	GND	GND
3	AnalogOut(AOUT)	Analog Pin 1(A1)

修改 Google 網路資源

由於原來視覺化的 Google Chart 顯示二個資料，但是我們只需要顯示一個聲音資訊，所以我們修改 Gauge 的視覺化物件，網址： Visualization: Gauge(https://developers.google.com/chart/interactive/docs/gallery/gauge)， (Developers, 2016)，我們將原來 HTML 程式碼修改為可以見到下表所示之單一元件之視覺化 Gauge 之 HTML 程式碼。

表 12 單一元件之視覺化 Gauge 之 HTML 程式碼

單一元件之視覺化 Gauge 之 HTML 程式碼(SoundGauge)

```html
<html>
  <head>
    <script type="text/javascript"
src="https://www.gstatic.com/charts/loader.js"></script>
    <script type="text/javascript">
      google.charts.load('current', {'packages':['gauge']});
      google.charts.setOnLoadCallback(drawChart);
      function drawChart() {

        var data = google.visualization.arrayToDataTable([
          ['Label', 'Value'],
          ['Sound', 80],
        ]);

        var options = {
          width: 800, height: 800,
          redFrom: 90, redTo: 100,
          yellowFrom:75, yellowTo: 90,
          minorTicks: 5
        };

        var chart = new
google.visualization.Gauge(document.getElementById('chart_div'));
```

```
        chart.draw(data, options);


      }
    </script>
  </head>
  <body>
    <div id="chart_div" style="width: 800px; height: 800px;"></div>
  </body>
</html>
```

如下圖所示，我們可以看到視覺化 Gauge 之 HTML 程式碼之網頁畫面。

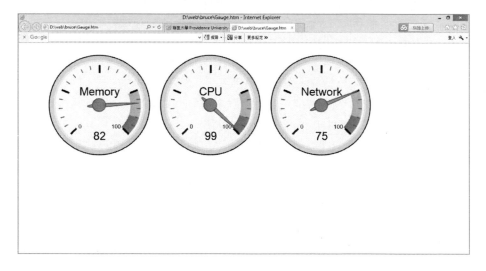

圖 112 單一元件之視覺化 Gauge 之 HTML 程式碼之網頁畫面

視覺化聲音

上章節中，我們已經將 Gauge 的視覺化物件修改成為我們需要的 HTML 程式

碼，接下來我們，我們可以見到下表所示之視覺化聲音程式碼。

表 13 視覺化聲音程式碼

視覺化聲音程式碼(MIC_WIFI_Server_Guage)

```
#include <WiFi.h>
// your network key Index number (needed only for WEP)


#define micPin A1        // what digital pin we're connected to




//----wifi use
uint8_t MacData[6];
char ssid[] = "BruceSonyC5";          // your network SSID (name)
char pass[] = "bruce1234";        // your network password
int keyIndex = 0;
IPAddress   Meip , Megateway , Mesubnet ;
String MacAddress ;
int status = WL_IDLE_STATUS;

WiFiServer server(80);

//-----end of wifi use

void setup()     /*----( SETUP: RUNS ONCE )----*/
{
   Serial.begin(9600);
   Serial.println("DHTxx test!");

   if (WiFi.status() == WL_NO_SHIELD) {
      Serial.println("WiFi shield not present");
      // don't continue:
      while (true);
   }
   String fv = WiFi.firmwareVersion();
   if (fv != "1.1.0") {
      Serial.println("Please upgrade the firmware");
```

```
      }
      MacAddress = GetWifiMac() ; // get MacAddress
      ShowMac() ;              //Show Mac Address

      // attempt to connect to Wifi network:
      initializeWiFi();
      server.begin();
      // you're connected now, so print out the status:
      ShowInternetStatus();

}// END Setup

static int count = 0;
void loop()
{
      // Reading temperature or humidity takes about 250 milliseconds!
      // Sensor readings may also be up to 2 seconds 'old' (its a very slow sensor)
      int h = map(analogRead(micPin),0,1023,0,100);
            //    map(readvalue , orginalfrom , orginalto, newfrom, newto) ;



      Serial.print("Sound: ");
      Serial.print(h);

      Serial.print(" *F\t\n");

      // wifi code here
      // listen for incoming clients
      WiFiClient client = server.available();
      if (client)
      {
         Serial.println("Now Someone Access WebServer");

         Serial.println("new client");
         // an http request ends with a blank line
         boolean currentLineIsBlank = true;
         while (client.connected())
         {
```

```
        if (client.available())
        {
          char c = client.read();
          Serial.write(c);
          // if you've gotten to the end of the line (received a newline
          // character) and the line is blank, the http request has ended,
          // so you can send a reply
          if (c == '\n' && currentLineIsBlank)
          {
            // send a standard http response header
            client.println("HTTP/1.1 200 OK");
            client.println("Content-Type: text/html");
            client.println("Connection: close");    // the connection will be closed after
completion of the response
            client.println("Refresh: 5");    // refresh the page automatically every 5 sec
            client.println();
            client.println("<!DOCTYPE HTML>");
            client.println("<html>");
            // output the value of each analog input pin
            client.println("<head>");
            client.println("<script type='text/javascript'
src='https://www.gstatic.com/charts/loader.js'></script>");
            client.println("<script type='text/javascript'>");
            client.println("google.charts.load('current', {'packages':['gauge']});");
            client.println("google.charts.setOnLoadCallback(drawChart);");
            client.println("    function drawChart() {");
            client.println("var data = google.visualization.arrayToDataTable([['Label',
'Value'],['聲音',");
            client.println(h);
            client.println("],]);");
            client.println(" var options = {width: 300, height: 300,redFrom: 85, redTo:
100,yellowFrom:65, yellowTo: 85,minorTicks: 5};");
            client.println("var chart = new
google.visualization.Gauge(document.getElementById('chart_div'));");
            client.println("chart.draw(data, options);");
            client.println("}");
            client.println("</script>");
            client.println("</head>");
            client.println("<meta charset='utf-8'>");
```

```
            client.println("<body>");
            client.println("<div id='chart_div' style='width: 300px; height:
300px;'></div>");
            client.println("</body>");
            /*
               client.print("Humidity: ");
               client.print(h);
               client.print(" % and ");
               client.print("Temperature: ");
               client.print(t);
               client.print("*C    and    ");
               client.print(f);
               client.print("*F    (end) ");
               client.println("<br />");
            */
            client.println("</html>");
            break;
        }
        if (c == '\n')
        {
            // you're starting a new line
            currentLineIsBlank = true;
        } else if (c != '\r')
        {
            // you've gotten a character on the current line
            currentLineIsBlank = false;
        }
     }
   }
  }
  // give the web browser time to receive the data
  delay(1);

  // close the connection:
  client.stop();
  Serial.println("client disonnected");
 }



  delay(800) ;
```

```
} // END Loop


void ShowMac()
{

  Serial.print("MAC:");
  Serial.print(MacAddress);
  Serial.print("\n");


}




String GetWifiMac()
{
  String tt ;
  String t1, t2, t3, t4, t5, t6 ;
  WiFi.status();       //this method must be used for get MAC
  WiFi.macAddress(MacData);

  Serial.print("Mac:");
  Serial.print(MacData[0], HEX) ;
  Serial.print("/");
  Serial.print(MacData[1], HEX) ;
  Serial.print("/");
  Serial.print(MacData[2], HEX) ;
  Serial.print("/");
  Serial.print(MacData[3], HEX) ;
  Serial.print("/");
  Serial.print(MacData[4], HEX) ;
  Serial.print("/");
  Serial.print(MacData[5], HEX) ;
  Serial.print("~");

  t1 = print2HEX((int)MacData[0]);
  t2 = print2HEX((int)MacData[1]);
  t3 = print2HEX((int)MacData[2]);
```

```
    t4 = print2HEX((int)MacData[3]);
    t5 = print2HEX((int)MacData[4]);
    t6 = print2HEX((int)MacData[5]);
    tt = (t1 + t2 + t3 + t4 + t5 + t6) ;
    Serial.print(tt);
    Serial.print("\n");

    return tt ;
}
String    print2HEX(int number) {
    String ttt ;
    if (number >= 0 && number < 16)
    {
        ttt = String("0") + String(number, HEX);
    }
    else
    {
        ttt = String(number, HEX);
    }
    return ttt ;
}




void printWifiData()
{
    // print your WiFi shield's IP address:
    Meip = WiFi.localIP();
    Serial.print("IP Address: ");
    Serial.println(Meip);
    Serial.print("\n");

    // print your MAC address:
    byte mac[6];
    WiFi.macAddress(mac);
    Serial.print("MAC address: ");
    Serial.print(mac[5], HEX);
```

```
      Serial.print(":");
      Serial.print(mac[4], HEX);
      Serial.print(":");
      Serial.print(mac[3], HEX);
      Serial.print(":");
      Serial.print(mac[2], HEX);
      Serial.print(":");
      Serial.print(mac[1], HEX);
      Serial.print(":");
      Serial.println(mac[0], HEX);

      // print your subnet mask:
      Mesubnet = WiFi.subnetMask();
      Serial.print("NetMask: ");
      Serial.println(Mesubnet);

      // print your gateway address:
      Megateway = WiFi.gatewayIP();
      Serial.print("Gateway: ");
      Serial.println(Megateway);
}

void ShowInternetStatus()
{

    if (WiFi.status())
    {
        Meip = WiFi.localIP();
        Serial.print("Get IP is:");
        Serial.print(Meip);
        Serial.print("\n");

    }
    else
    {
        Serial.print("DisConnected:");
        Serial.print("\n");
    }
```

```
}

void initializeWiFi() {
  while (status != WL_CONNECTED) {
    Serial.print("Attempting to connect to SSID: ");
    Serial.println(ssid);
    // Connect to WPA/WPA2 network. Change this line if using open or WEP net-
work:
    status = WiFi.begin(ssid, pass);
    //    status = WiFi.begin(ssid);

    // wait 10 seconds for connection:
    delay(10000);
  }
  Serial.print("\n Success to connect AP:") ;
  Serial.print(ssid) ;
  Serial.print("\n") ;

}
```

程式下載：https://github.com/brucetsao/Ameba_IOT_Programming

　　如下圖所示，我們可以看到視覺化聲音程式碼之監控畫面，首先我們要先取得
Ameba RTL8195AM 開發版建立之網頁伺服器的網址，其網址為『192.168.43.150』，
請讀者注意，由於每一個使用者或開發者之網路環境不同，需依照使用者或開發者
之網路環境自行了解網址。

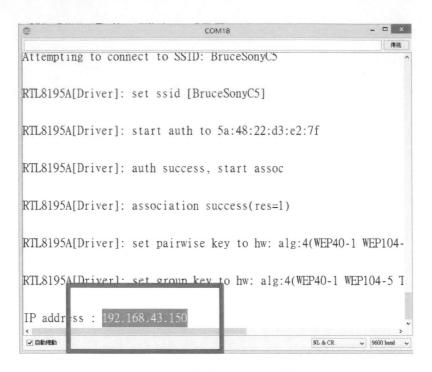

圖 113 視覺化聲音程式碼之監控畫面

　　如上圖所示，我們視每一個使用者或開發者之網路環境不同，了解本文範例之網址為『192.168.43.150』，我們使用瀏覽器，在瀏覽器網址列輸入『192.168.43.150』，請讀者注意，該使用瀏覽器的電腦或行動裝置，必須與 Ameba RTL8195AM 開發版建立之網頁伺服器在同一網段或可以連接上的網段之中，方可以見到如下圖所示，我們可以看到視覺化聲音程式碼之網頁畫面。

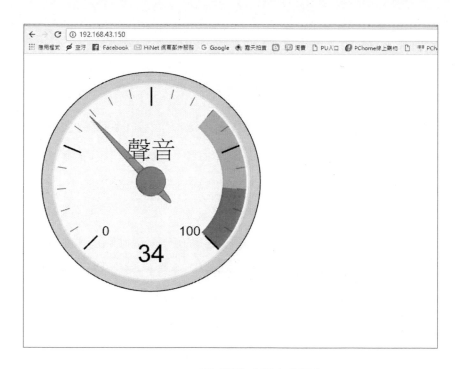

圖 114 視覺化聲音程式碼之網頁畫面

章節小結

本章主要介紹之 Ameba RTL8195AM 開發板使用網路的進階應用，相信讀者會對 Ameba RTL8195AM 建立視覺化網站、取得網路資源或網路時間等等，有更深入的了解與體認。

本書總結

筆者對於 Ameba RTL8195AM 相關的書籍，也出版許多書籍，感謝許多有心的讀者提供筆者許多寶貴的意見與建議，筆者群不勝感激，許多讀者希望筆者可以推出更多的入門書籍給更多想要進入『Ameba RTL8195AM』、『物聯網』、『Maker』這個未來大趨勢，所有才有這個入門系列的產生。

本系列叢書的特色是一步一步教導大家使用更基礎的東西，來累積各位的基礎能力，讓大家能在物聯網時代潮流中，可以拔的頭籌，所以本系列是一個永不結束的系列，只要更多的東西被製造出來，相信筆者會更衷心的希望與各位永遠在這條物聯網時代潮流中與大家同行。

作者介紹

曹永忠 (Yung-Chung Tsao) ，國立中央大學資訊管理學系博士，目前在國立暨南國際大學電機工程學系與國立高雄科技大學商務資訊應用系兼任助理教授與自由作家，專注於軟體工程、軟體開發與設計、物件導向程式設計、物聯網系統開發、Arduino 開發、嵌入式系統開發。長期投入資訊系統設計與開發、企業應用系統開發、軟體工程、物聯網系統開發、軟硬體技術整合等領域，並持續發表作品及相關專業著作。

Email:prgbruce@gmail.com

Line ID：dr.brucetsao

臉書社群(Arduino.Taiwan)：

https://www.facebook.com/groups/Arduino.Taiwan/

Github 網站：https://github.com/brucetsao/

原始碼網址：https://github.com/brucetsao/Ameba_IOT_Programming

Youtube：https://www.youtube.com/channel/UCcYG2yY_u0m1aotcA4hrRgQ

吳佳駿 (Chia-Chun Wu) ，國立中興大學資訊科學與工程學系博士，現任教於國立金門大學工業工程與管理學系專任助理教授，目前兼任國立金門大學計算機與網路中心資訊網路組組長，主要研究為軟體工程與應用、行動裝置程式設計、物件導向程式設計、網路程式設計、動態網頁資料庫、資訊安全與管理。

Email: ccwu0918@nqu.edu.tw

許智誠 (Chih-Cheng Hsu) ，美國加州大學洛杉磯分校(UCLA)資訊工程系博士，曾任職於美國 IBM 等軟體公司多年，現任教於中央大學資訊管理學系專任副教授，主要研究為軟體工程、設計流程與自動化、數位教學、雲端裝置、多層式網頁系統、系統整合、金融資料探勘、Python 建置(金融)資料探勘系統。

Email: khsu@mgt.ncu.edu.tw

作者網頁：http://www.mgt.ncu.edu.tw/~khsu/

蔡英德 (Yin-Te Tsai) ，國立清華大學資訊科學博士，目前是靜宜大學資訊傳播工程學系教授，靜宜大學資訊學院院長及靜宜大學人工智慧創新應用研發中心主任。曾擔任台灣資訊傳播學會理事長，台灣國際計算器程式競賽暨檢定學會理事，台灣演算法與計算理論學會理事、監事。主要研究為演算法設計與分析、生物資訊、軟體開發、智慧計算與應用。

Email:yttsai@pu.edu.tw

作者網頁：http://www.csce.pu.edu.tw/people/bio.php?PID=6#personal_writing

附錄

Ameba RTL8195AM 腳位圖

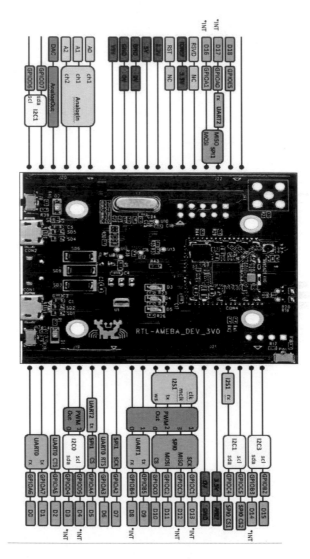

資料來源：Ameba RTL8195AM 官網：http://www.amebaiot.com/boards/

Ameba RTL8195AM 更新韌體按鈕圖

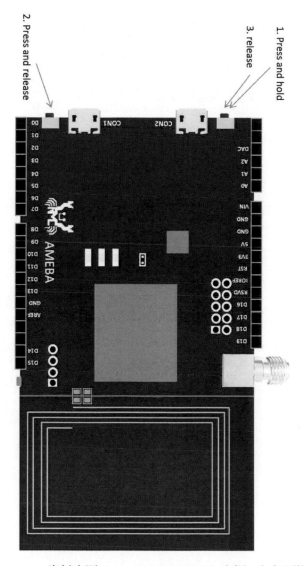

資料來源：Ameba RTL8195AM 官網：如何更換 DAP Firm-

ware?(http://www.amebaiot.com/change-dap-firmware/)

Ameba RTL8195AM 更換 DAP Firmware?

請參考如下操作

1. 按住 CON2 旁邊的按鈕不放

2. 按一下 CON1 旁邊的按鈕

3. 放開在第一步按住的按鈕

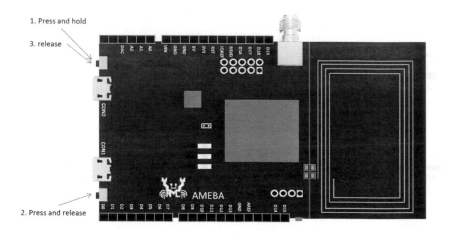

此時會出現一個磁碟槽，上面的標籤為 "CRP DISABLED"

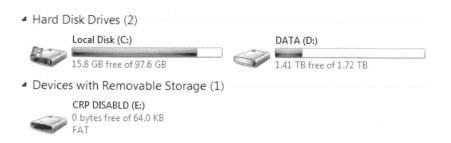

打開這個磁碟，裡面有個檔案 "firmware.bin"，它是目前這片
Ameba RTL8195AM 使用的 DAP firmware

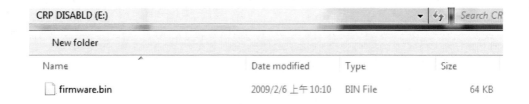

要更換 firmware，可以先將這個 firmware.bin 備份起來，然後刪掉，
再將新的 DAP firmware 用檔案複製的方式放進去

CRP DISABLD (E:)				▾ ↔ Search CRP
New folder				
Name	Date modified	Type	Size	
DAP_FW_Ameba_V10_2_2-2M.bin	2016/2/4 上午 10:57	BIN File	32 KB	

最後將 USB 重新插拔，新的 firmware 就生效了。

資料來源：Ameba RTL8195AM 官網：如何更換 DAP Firm-

ware?(http://www.amebaiot.com/change-dap-firmware/)

Ameba RTL8195AM 安裝驅動程式

請參考如下操作安裝開發環境：

步驟一：安裝驅動程式(Driver)

首先將 Micro USB 接上 Ameba RTL8195AM，另一端接上電腦:

第一次接上 Ameba RTL8195AM 需要安裝 USB 驅動程式，Ameba
RTL8195AM 使用標準的 ARM MBED CMSIS DAP driver，你可以在這個地
方找到安裝檔及相關說明:

https://developer.mbed.org/handbook/Windows-serial-configuration

在 "Download latest driver" 下載 "mbedWinSerial_16466.exe" 並安裝之
後，會在裝置管理員看到 mbed serial port:

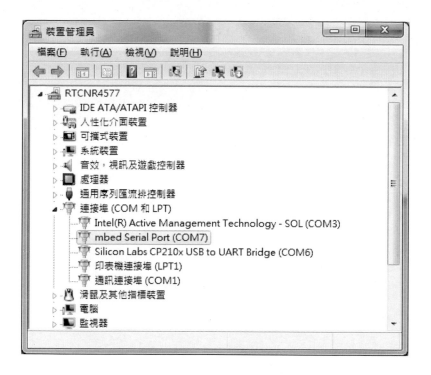

步驟二：安裝 Arduino IDE 開發環境

Arduino IDE 在 1.6.5 版之後，支援第三方的硬體，因此我們可以在 Arduino IDE 上開發 Ameba RTL8195AM，並共享 Arduino 上面的範例程式。在 Arduino 官方網站上可以找到下載程式：

https://www.arduino.cc/en/Main/Software

安裝完之後，打開 Arduino IDE，為了讓 Arduino IDE 找到 Ameba 的設定檔，先到 "File" -> "Preferences"

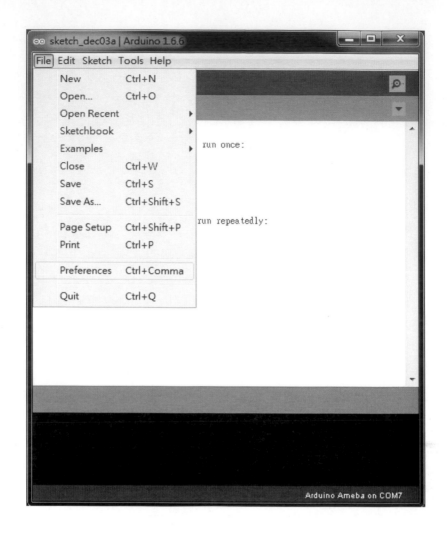

然後在 Additional Boards Manager URLs: 填入：

https://github.com/Ameba8195/Arduino/raw/master/rele
ase/package_realtek.com_ameba_index.json

Arduino IDE 1.6.7 以前的版本在中文環境下會有問題，若您使用 1.6.7 前的版本請將 "編輯器語言" 從 "中文(台灣)" 改成 English。在 Arduino IDE 1.6.7 版後語系的問題已解決。

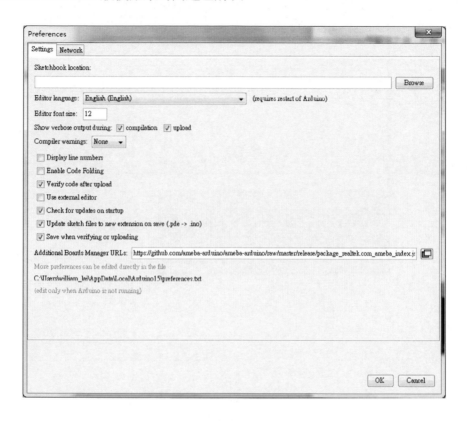

填完之後按 OK，然後因為改編輯器語言的關係，我們將 Arduino IDE 關掉之後重開。

接著準備選板子，到 "Tools" -> "Board" -> "Boards Manager"

　　在 "Boards Manager" 裡，它需要約十幾秒鐘整理所有硬體檔案，如果網路狀況不好可能會等上數分鐘。每當有新的硬體設定，我們需要重開 "Boards Manager"，所以我們等一會兒之後，關掉 "Boards Manager"，然後再打開它，將捲軸往下拉找到 "Realtek Ameba RTL8195AM Boards"，點右邊的 Install，這時候 Arduino IDE 就根據 Ameba 的設定檔開始下載 Ameba RTL8195AM 所需要的檔案：

接著將板子選成 Ameba RTL8195AM，選取　"tools" -> "Board" ->
"Arduino Ameba"：

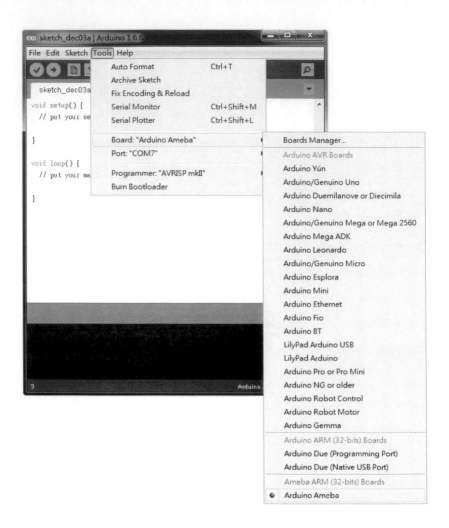

這樣開發環境就設定完成了。

資料來源：Ameba RTL8195AM　官網：Ameba Arduino: Getting Started With

RTL8195(http://www.amebaiot.com/ameba-arduino-getting-started/)

Ameba RTL8195AM 使用多組 UART

　　Ameba 在開發板上支援的 UART 共 2 組（不包括 Log UART），使用者可以自行選擇要使用的 Pin，請參考下圖。（圖中的序號為 UART 硬體編號）

在 1.0.6 版之後可以同時設定兩組同時收送，在 1.0.5 版之前因為參考 Arduino 的設計，兩組同時間只能有一組收送。

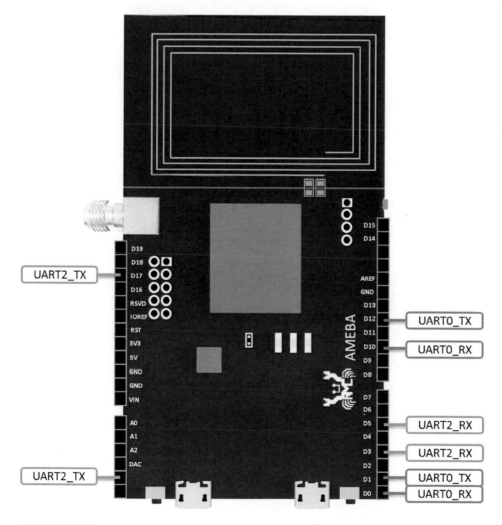

參考程式碼：

```
SoftwareSerial myFirstSerial(0, 1); // RX, TX, using UART0
```

```
SoftwareSerial mySecondSerial(3, 17); // RX, TX, using UART2

void setup() {

    myFirstSerial.begin(38400);

    myFirstSerial.println("I am first uart.");

    mySecondSerial.begin(57600);

    myFirstSerial.println("I am second uart.");

    }
```

資料來源：Ameba RTL8195AM 官網：如何使用多組

UART?(http://www.amebaiot.com/use-multiple-uart/_

Ameba RTL8195AM 使用多組 I2C

Ameba 在開發板上支援 3 組 I2C，佔用的 pin 如下圖所示：

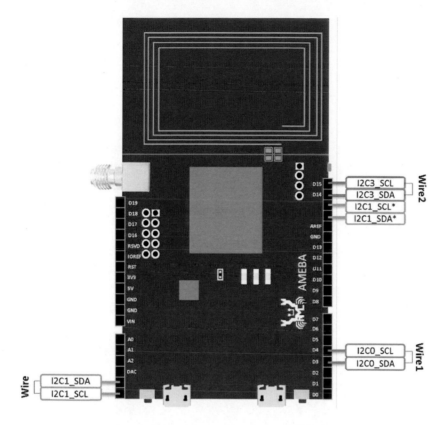

在 1.0.6 版本之後可以使用多組 I2C，請先將 Wire.h 底下定義成需要的數量:
#define WIRE_COUNT 1
接著就可以使用多組 I2C:

```
void setup() {

    Wire.begin();

    Wire1.begin();

    Wire.requestFrom(8, 6);        // request 6 bytes from slave device #8

    Wire1.requestFrom(4, 6);       // request 6 bytes from slave device #4

    }
```

資料來源：Ameba RTL8195AM 官網：如何使用多組 I2C?

(http://www.amebaiot.com/use-multiple-i2c/)

參考文獻

Developers, G. (2016, 2017/1/1). Visualization: Gauge. Retrieved from https://developers.google.com/chart/interactive/docs/gallery/gauge

曹永忠, 吳佳駿, 許智誠, & 蔡英德. (2016a). *Ameba 程式設計(基礎篇):Ameba RTL8195AM IOT Programming (Basic Concept & Tricks)* (初版 ed.). 台灣、彰化: 渥瑪數位有限公司.

曹永忠, 吳佳駿, 許智誠, & 蔡英德. (2016b). *Ameba 程序设计(基础篇):Ameba RTL8195AM IOT Programming (Basic Concept & Tricks)* (初版 ed.). 台灣、彰化: 渥瑪數位有限公司.

曹永忠, 許智誠, & 蔡英德. (2015a). *86Duino 程式教學(網路通訊篇):86duino Programming (Networking Communication)* (初版 ed.). 台灣、彰化: 渥瑪數位有限公司.

曹永忠, 許智誠, & 蔡英德. (2015b). *86Duino 编程教学(无线通讯篇):86duino Programming (Networking Communication)* (初版 ed.). 台灣、彰化: 渥瑪數位有限公司.

曹永忠, 許智誠, & 蔡英德. (2015c). *Arduino 云 物联网系统开发(入门篇):Using Arduino Yun to Develop an Application for Internet of Things (Basic Introduction)* (初版 ed.). 台灣、彰化: 渥瑪數位有限公司.

曹永忠, 許智誠, & 蔡英德. (2015d). *Arduino 程式教學(無線通訊篇):Arduino Programming (Wireless Communication)* (初版 ed.). 台灣、彰化: 渥瑪數位有限公司.

曹永忠, 許智誠, & 蔡英德. (2015e). *Arduino 编程教学(无线通讯篇):Arduino Programming (Wireless Communication)* (初版 ed.). 台灣、彰化: 渥瑪數位有限公司.

曹永忠, 許智誠, & 蔡英德. (2015f). *Arduino 雲 物聯網系統開發(入門篇):Using Arduino Yun to Develop an Application for Internet of Things (Basic Introduction)* (初版 ed.). 台灣、彰化: 渥瑪數位有限公司.

曹永忠, 許智誠, & 蔡英德. (2015g). Maker 物聯網實作:用 DHx 溫濕度感測模組回傳天氣溫溼度. *物聯網*. Retrieved from http://www.techbang.com/posts/26208-the-internet-of-things-daily-life-how-to-know-the-temperature-and-humidity

曹永忠, 許智誠, & 蔡英德. (2016a). *Arduino 程式教學(溫溼度模組篇):Arduino Programming (Temperature& Humidity Modules)* (初版 ed.). 台灣、彰化: 渥瑪數位有限公司.

曹永忠, 許智誠, & 蔡英德. (2016b). *Arduino 程序教学(温湿度模块篇):Arduino Programming (Temperature& Humidity Modules)* (初版 ed.). 台

湾、彰化: 渥瑪數位有限公司.

Ameba 程式設計 (物聯網基礎篇)
An Introduction to Internet of Thing by Using Ameba
RTL8195AM

作　　者：曹永忠、吳佳駿、許智誠、蔡英德

發 行 人：黃振庭

出 版 者：崧燁文化事業有限公司

發 行 者：崧燁文化事業有限公司

E-mail：sonbookservice@gmail.com

粉 絲 頁：https://www.facebook.com/
　　　　　sonbookss/

網　　址：https://sonbook.net/

地　　址：台北市中正區重慶南路一段六十一號八
　　　　　樓 815 室

Rm. 815, 8F., No.61, Sec. 1, Chongqing S. Rd.,
Zhongzheng Dist., Taipei City 100, Taiwan

電　　話：(02) 2370-3310

傳　　真：(02) 2388-1990

印　　刷：京峯彩色印刷有限公司（京峰數位）

律師顧問：廣華律師事務所 張珮琦律師

定　　價：260 元

發行日期：2022 年 03 月第一版

◎本書以 POD 印製

國家圖書館出版品預行編目資料

Ameba 程式設計 . 物聯網基礎篇
= An introduction to internet
of thing by using Ameba
RTL8195AM / 曹永忠等著 . -- 第一
版 . -- 臺北市：崧燁文化事業有限
公司 , 2022.03
　面； 　公分
POD 版
ISBN 978-626-332-067-3(平裝)
1.CST: 微電腦 2.CST: 電腦程式語
言
471.516 111001381

官網

臉書